# 服饰设计与色彩运用

张玉生　谢艳萍　著

中国纺织出版社

图书在版编目（CIP）数据

服饰设计与色彩运用 / 张玉生，谢艳萍著. —北京：中国纺织出版社，2018.5

ISBN 978-7-5180-4231-9

Ⅰ. ①服… Ⅱ. ①张…②谢… Ⅲ. ①服饰设计②服装色彩Ⅳ. ①TS941.2②TS941.11

中国版本图书馆CIP数据核字（2017）第265727号

责任编辑：汤　浩　　责任印制：储志伟

中国纺织出版社出版发行

**地　　址**：北京市朝阳区百子湾东里A407号楼97号楼　　**邮政编码**：100124

**销售电话**：（010）67004400　　**传真**：010-87155801

http://www.c-textilep.com

中国纺织出版社天猫旗舰店

官方微博 http://weibo.com/2119887771

虎彩印艺股份有限公司印刷　各地新华书店经销

2018年5月第1次印刷

**开　　本**：710毫米×1000毫米　1/16　　**印张**：7

**字　　数**：200千字　　**定价**　49.8元

# 内容简介

《服饰设计与色彩运用》是一本探索服饰色彩运用的影响以及艺术形式的书籍。服饰是人类生活的产物,代表着一个国家和民族审美观的展现。色彩是服饰最重要的组成要素之一,服饰是为人类服务的,服饰的设计及色彩运用展现的是人们的潜意识。服饰的设计和色彩的应用都是具有科学性的,服饰的设计和色彩的运用不仅要考虑人的年龄、地域、民族文化等,还要考虑人的肤色。概述对这些问题进行了具体的概述,以期望能进一步提高我国服饰设计及服饰色彩运用的水平。

# 作者简介

**张玉升**，男，1978-5-，汉族，山东临沂市人，东华大学工程硕士，现任南昌理工学院讲师，服装教研室主任，研究方向：服装设计与服装史论，服装市场营销。

在核心刊物发表学术论文3篇，省级期刊论文18篇，获批国家专利5项，编写教材3部（副主编），主持校级科研课题1项，参与省级科研课题3项，参赛获奖多项，先后2次分别获得“优秀教师”和“优秀共产党员”称号。

**谢艳萍**，女，1978年8月出生，汉族，江西省樟树市人，2004年7月毕业于天津工业大学服装设计专业，现为江西服装学院讲师，研究方向：服装设计，服装效果图。

发表核心刊物论文2篇，省级期刊论文12篇，获批国家专利4项，编写教材2部（副主编），主持省级科研课题1项，参赛获奖多项。

# 目 录

# 第一章 色彩与服饰

## 第一节 色彩的原理及属性

### 一、色彩的原理

（一）光与色

有光才有色，光色并存。这早在古希腊时代，就已被大哲学家亚里士多德所先知先觉。但真正揭示这个大自然奥秘本质的，应首推英国的大物理学家牛顿，他在那著名的实验中，通过三棱镜将日光分解成了红、橙、黄、绿、青、蓝、紫七种不同波长的单色光(见图 1-1-1)。

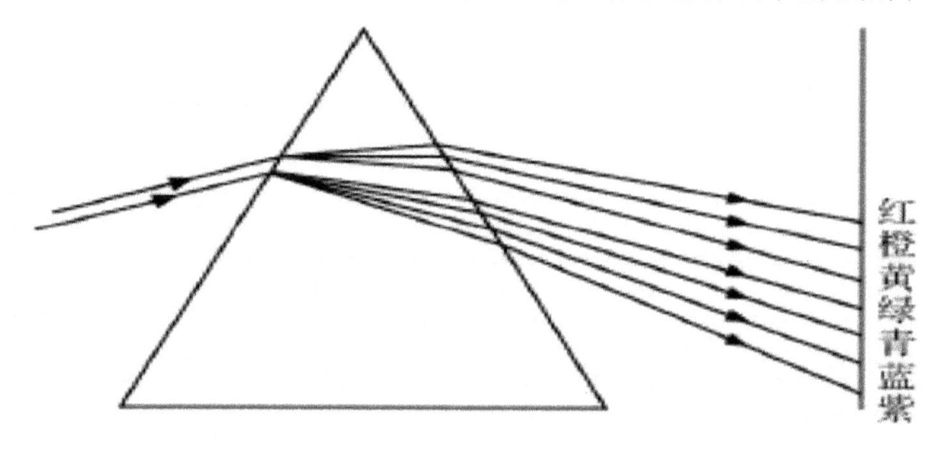


图 1-1-1　三棱镜分光谱

人眼对色彩的视觉感受离不开光。据科学家研究得知，光是以电磁波的形式进行直线传播的，它具有波长和振幅两个要素。不同的波长产生色相差别，不同的振幅产生同一色相的明暗差别(见图 1-1-2)。

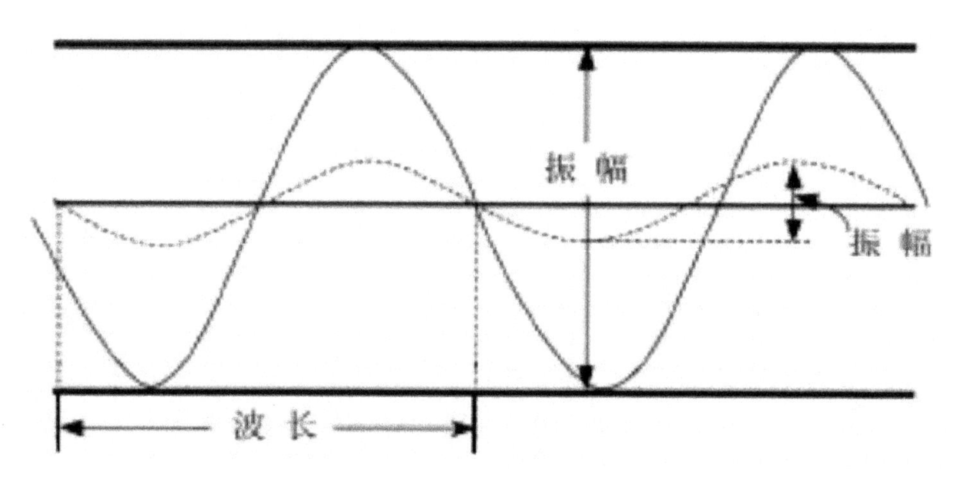


图 1-1-2　光的波长与振幅

可见光波长在 380～780nm 之间，波长长于 780nm 的电磁波称为红外线，波长短于 380nm 的电磁波称为紫外线。

没有光源也就不存在光，光源分自然光源和人工光源两大类，自然光源主要为太阳，人工光源主要有灯光和火光等。太阳光发白，有太阳时所特有的昼光(太阳的漫射光)略偏蓝，白炽灯光略偏黄，荧光灯略偏蓝等。

（二）物体色

大自然的奇妙令人惊叹，无数种物体形态五花八门、千变万化，物性大相径庭、迥然不同。它们本身大都不会发光，但对色光却都具有选择性地吸收、反射、透射的能力。如太阳光照在树叶上，它只反射绿色光，而其他色光都被吸收，人们通过眼睛、视神经、大脑反映，则感觉到树叶是绿色的。与此同理，棉花反射了所有的色光而呈白色，黑纸吸收了所有的色光而成黑色。但是，自然界实际上并不存在绝对的黑色与白色，因为任何物体不可能对光作全反射或全吸收。

另外，物体表面的肌理状态也直接影响它们对色光的吸收、反射、透射能力。表面光滑、细腻、平整的物体，如玻璃、镜面、水磨石面、抛光金属、丝绸织物等，反射能力较强；表面凹凸、粗糙、疏松的物体，如呢绒、麻织物、磨砂玻璃、海绵等，反射能力较弱，因此它们易使光线产生漫反射现象。

在服装面料中，同一种纤维由于织物组织形式的不同，也会影响它们对光的吸收、反射能力。缎纹组织的织物反射能力相对较强，凹凸组织的织物反射能力相对较弱，而斜纹组织、平纹组织的织物则处于中间状态。

同种染料印制、染制的服装面料表面光滑，反射能力强，色彩的明度、纯度相对较高，色感光彩夺目。表面粗糙反射能力弱，则色彩的明度、纯度有减弱的趋势，色感显得含而不露。

还有，物体对色光的吸收和反射能力虽是固定不变的，但随着光源色色相、光照强度及角度的改变，对物体色也会产生视觉影响。因此，日常生活中的建筑，会场的节日彩灯布置，展览会、舞台的照明，特别是服装购物环境的灯光选择、设计，都需要经过深思熟虑后认真加以设置。

## 二、色彩的属性

（一）色彩体系

国际上色彩体系有多种，主要有美国蒙赛尔色系、德国奥斯特瓦尔德色系、日本色彩研究所色系等。

蒙氏色系是1912年由美国色彩学家、画家蒙赛尔首先发表的原创性独特色彩体系。该色系将色彩属性定为三要素(色相、明度、纯度)、二体系(有彩色系、无彩色系)，一立体(不规则球状色立体)，同时又给三要素做出了相应的定量标准。1915年又发表了第一本完整的《蒙赛尔色谱》，共有40色相、1150个颜色。后经美国光学会和国际照明委员会标准的研究认定，广泛地应用于国际产业界和设计界，特别是纺织服装领域

蒙赛尔色系在色彩命名的精确性、色彩管理的科学性、色彩应用的便捷性方面，都更具普遍意义和权威，这个举世瞩目的科学成就，为人类做出了杰出的贡献，并为现、当代的彩色电视、计算机、数码相机、手机等电子产品和彩色信息快速传递的发明及应用打下了坚实的基础。

几乎在同时，德国的诺贝尔化学奖获得者、色彩学家奥斯特瓦尔德，于 1914 年创造并发布了以龙格模型为基础，由 24 色相三角表组成的立锥状色立体，对色彩调和论的发展做出了非凡的贡献。但是，由于其过于严谨、复杂以及毫厘不爽的数字计算标准，使得研究和使用起来不是很简捷、方便，所以已逐渐淡出当代科学界、产业界、艺术设计界应用者的视线。

其后，1951 年由日本色彩研究所制定、发布的色立体体系及 1964 年发行的《日本色研配色体系》，总体上是移花接木综合了美国蒙赛尔色系(采用其色立体外形)、德国奥斯特瓦尔德色系(采用其 24 色相标准)的主要特征而创立的。但是，该色系将明度和纯度的要素综合考虑成(P.C.C.S.)“色调”位置的理论(归纳为 16 个色调，其中有彩色系 11 个：淡、带浅灰、带灰、带暗灰、浅、浊、暗、明亮、强、深、鲜等；无彩色系 5 个：白、浅灰、灰、暗灰、黑)，目前在美术和设计界应用者也不少。

由于美国蒙赛尔色系的国际通用性，所以本书作重点介绍。

（二）色立体

蒙赛尔色立体是根据色相、明度、纯度三要素之间的变化体系，借助三维空间，用旋转直角坐标的方法，组成一个类似球状的立体模型。其结构类似地球仪的形态，连接南北两极贯穿中心的轴为明度标轴，北极为白色，南极为黑色，北半球为明色系，南半球为暗色系。色相环的位置在赤道线上，色相环上的点到中心轴的垂直线，表示纯度系列标准，越近中心纯度越低，球中心为正灰色。色立体纵剖面形成等色相面，横剖面形成等明度面。

蒙赛尔色系的表色记号为 HV/C，即色相明度/纯度，色彩由三维坐标定位，故表达非常明确，一目了然。如纯色相红为 5R4/14，色相黄为 5Y8/12，色相蓝为 5B4/8，色相蓝紫为 5PB3/12 等。而 5GY6/4 就是我国民间俗称的咸菜色，5YR6/4 就是俗称中的咖啡色等，不胜枚举。

（三）色彩三要素

1、色相(Hue)

色彩表示出的相貌，即纯净鲜艳的可视光谱色(俗称彩虹色)。它是色彩的根本要素，也可以说是色彩的原材料，在各色相色中分别调入不同量的黑、白、蒙赛尔色立体中的色相环，由 10 个基本色相组成，即：红(R)、黄红(YR)、黄(Y)、黄绿(GY)、绿(G)、蓝绿(BG)、蓝(B)、蓝紫(PB)、紫(P)、红紫(RP)。每个基本色相又各自划分成 10 个等分级，由此形成 100 色相环。另外，还有把每个基本色相划分成 2.5、5、7.5、10 四个等分色相编号的(其中 5 为标准色相的标号，如 5R 为标准红色相，5BG 为标准蓝绿色相等)，构成 40 色相环，自 2.5R、5R、7.5R……7.5RP 至 10RP 止。色相环上通过圆心直径两端的一对色相色构成互补关系，如 5R 与 5BG、5Y 与 5PB、5B 与 5YR 等。为了使用方便，还有简化的 20 色相环，即每个基本色相仅取 5、10 两个等分编号，自 5R、10R、5YR、10YR……5RP 至 10RP 止。

除此之外，还有其他色彩体系的色相环，常用的如 6 色相环、12 色相环、24 色相环等(见图 1-1-3)。

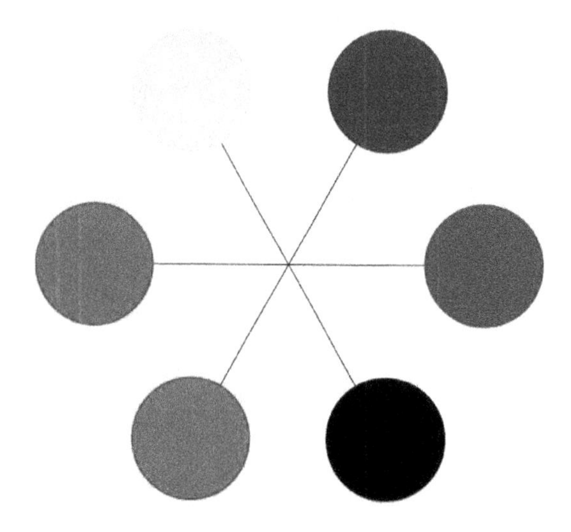

图 1-1-3　6 色色相环

2、明度(Value)

又称光度、亮度等，指色彩的明暗、深浅差异程度。明度能体现物象的主体感、空间感和层次感，所以也是色彩很重要的元素。蒙赛尔色立体中心 N 轴为“黑—灰—白”的明度等差系列色标，以此作为有彩色系各色的明度标尺。黑色明度最低为 0 级，以 BL 标志；白色明度最高为 10 级，以 W 为标志；中间 1～9 级为等差明度的深、中、浅灰色，总共 11 个等差明度级数。

色相环上的各色相明度都不同，黄色相的明度最高为 8 级，蓝紫色相的明度最低为 3 级，其他色相的明度都介于这两者之间。

另外，色彩的明度还有可变性。同样深浅的色彩，在强光下显得较浅，在弱光下显得较暗。在各种色相的色中加入不同比例的白或黑色，也会改变其明度。如红色相原来属于中等明度，调入白色后变成粉红色，明度提高了；调入黑色后成为枣红色，则明度降低了。

3、纯度(Chroma)

又称彩度、艳度、饱和度、灰度等，指色彩的纯净、鲜艳差异程度。色彩的纯度相对比较含蓄、隐蔽，是色彩的另一重要元素。蒙赛尔色立体自中心轴至表层的横向水平线构成纯度色标，以渐增的等间隔均分成若干纯度等级，其中 5R 的纯度是 14，为最高级，而其补色相 5BG 是 8，为最低级，其他所有色相的纯度都介于两者之间(见图 1-1-4)。

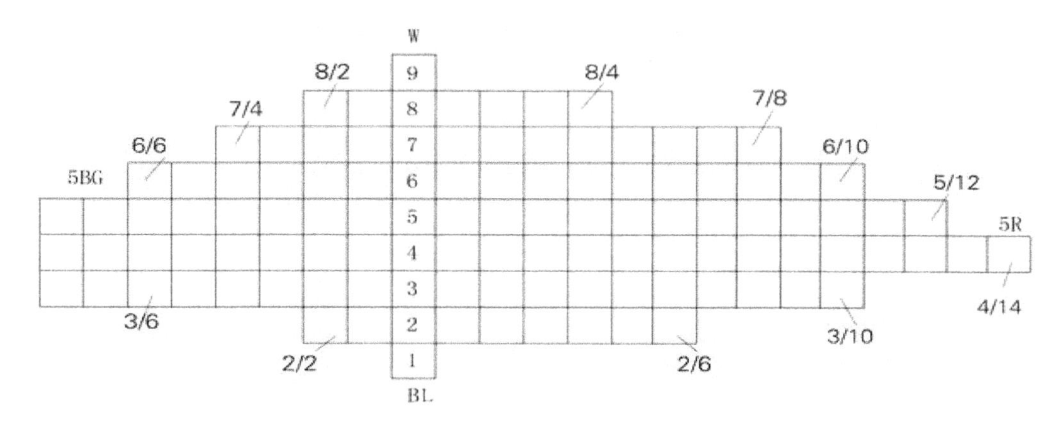


图 1-1-4　蒙赛尔色立体纵面剖

在标准色相色中调入白色，明度提高，纯度下降；调入灰色，则纯度下降；调入黑色，明度降低，纯度也降低。色相色中含无彩色越少，越鲜艳，称高纯度色；含无彩色(特别是灰、黑色)越多，则越浑浊，称低纯度色，也称浊色。

将两种或多种色光或颜料进行混合，调成与原有色不同的新色彩，称为色彩的混合。可归纳成加色混合、减色混合、空间混合三种类型。

## 第二节 服饰色彩的基本特性

服装素有“软雕塑”和“流动绘画”的美称。人们在察“衣”观色时，首先注意的是服装色彩，所谓“远看色，近看式”、“远看色，近看花”，就是指的这种第一印象感受。因此，色彩搭配在服装艺术设计中的重要作用是显而易见、不言而喻的。但是，服装毕竟不是纯美术作品，它的色彩有其自身的特性。

### 一、社会象征性

服装还有“城市窗口”的美称，它在很大程度上反映了时代与社会文明的风貌。人作为社会中的个体，在受到社会道德、经济、文化、风尚制约和影响的同时，也必然会反映出穿着者的文化修养、审美情趣乃至社会地位，成为表明其身份的象征性载体之一。这种特点在中国封建社会中，更是达到了登峰造极的地步。除了历代帝王从唐朝开始一律专用黄色以外，其他公卿百官的冠服色彩也都有严格、明确的品位区别，分别用紫、绯、绿、青等色表示，以至庶民百姓的服色，也各有等差区分。服色成为“严内外、辨亲疏”，象征职位高低、尊卑贵贱的社会标志。

再看现代社会中国际政要的不少峰会上，正规场合各国元首几乎都身着深色正装，以象征他们的权威性及会议隆重、庄严、肃穆的氛围。

### 二、时代性

从 20 世纪到 21 世纪，国际科学技术日新月异、突飞猛进，人们对新型科技微电子产品无不抱着敬仰的心情，向往高新技术所带来的感官刺激和审美享受，精神和物质消费行为紧扣时代的脉搏而情随“时”迁。

20 世纪 60 年代开始，人造卫星、宇宙飞船相继上天，人类开创了征服太空的新时代，人们普遍对宇宙奥秘心驰神往，具有浓厚的兴趣。因此，“宇宙色”、“太空色”、“金属色”、“银灰色”等“高科技”色系在世界各地大行其道。

到了70～80年代，随着科技的进一步发展，城市人口高度集中，自然生态遭到破坏，环保问题迅速突现，人们由此产生了向往农村、回归自然的强烈愿望。“海洋湖泊色”、“沙滩色”、“森林色”、“冰蓝”、“亚马逊绿”等色系和色彩就此应运而生，至今仍为服装色彩设计的主旋律之一。

**三、审美装饰性**

俗话说：“‘佛靠金装，货靠包装，人靠衣装’，‘人在衣裳马在鞍’。”爱美之心，人皆有之。对于现代服装消费者而言，“好看”早已比“穿暖”显得更为重要，真是“三九天穿裙子——美丽又动(冻)人”。经过设计师精心组合、搭配的服装色彩，能使人的外貌变得焕然一新，以满足人们追求赏心悦目的视觉美感及享受欲望。但是，这种审美装饰功能应以人为本、因服而异，考虑色彩要以不同对象的形象、气质为依据，运用比较抽象的装饰设计手法，表达出多样的不同审美情趣和价值取向，切忌东施效颦、张冠李戴。

因此，“总有一款适合你”的广告语越来越深入人心，个性化、时尚化的消费观念已被大众所认同。时至今日，在公共场合中，那种相同服装的“撞衫”现象似乎已很难再见了。

**四、实用功能性**

服装是具有艺术性的实用工业产品，除了精神审美功能以外，理所当然还要考虑它的实用功能，服装色彩亦然如此。如橙色水上救生衣及黄绿荧光色交警服的显色性，军队橄榄色、迷彩色服装的隐色性，医务、饮食服务、食品加工、制药、精密加工人员白色或浅色服装的显脏性，印染工人深色服装的耐脏性，手术医生蓝绿色服装对血红色的互补性等，无不体现了警示、伪装、清洁、保护等种种特殊职业的功能需求。不仅如此，即使是日常穿着的普通服装，也要考虑其散热防暑或御寒保温的调节作用，夏季多用白色、浅色反光性强的服装，冬季多用深色、暖色吸热性强的服装等。因此，服装设计师要全方位考虑，以满足人们各方面的需求，不能顾此失彼、舍本求末。

另外，利用色彩的错视功能，对于人们胖瘦不同体型的掩饰及视觉调节作用，也是不容忽视的。

**五、流行性**

以流行色彩或流行配色形式来显示服装的时尚潮流，满足人们喜新厌旧、求异求变的消费心理，早已成为现代民众审美观和价值观的体现。未来的流行色周期将越来越短，有的可能只是昙花一现即行消失。另外，流行不仅是突出某几个色彩，而是更讲究流行什么色调，如粉彩色调、古朴色调、体育色调、朦胧色调等，或是流行某种配色形式，如色形渐变等。以色彩优势占领市场，进而确立以传播流行色为主要特征的服装品牌将越来越多。

总之，服装色彩在流行中不断挖掘、展现新的魅力，从中更能使人感受到欲罢不能、永不止息的时代前进步伐。

### 六、季节性

自然界中神奇变色龙的体表色彩会随着季节、气温、环境等条件的变化，而进行适应性地转换。人类虽不至此，但其服装色彩与季节气候更新、变化的同步协调，也是比较明显的。春夏季满园春色、生机勃勃、百花盛开、姹紫嫣红，人们穿着再怎么鲜艳、明快的服色，似乎也不为过。而到秋冬季，特别是冬季，寒风落叶、冰天雪地、万物凋零、色彩单调，人们往往选择偏深、暗、暖或黑、灰等服色，以体现色随季迁、天人合一的生理与心理满足。但也有人选择鲜艳、强烈的服色，以弥补自然界色彩的不足。由此产生的按春夏及秋冬季节流行发布趋势，也早已成为国际惯例，其中色彩更是被服装及图案设计师们所密切关注的流行风向标。

当然，现在也有不少反季节色穿着的人，她(他)们的消费习惯与取向区别于大众，那就另当别论了。

### 七、民族传统性

俗话说："一方水土养一方人。"由于地域、环境、气候、历史、宗教等各种不同原因，使某些地区的某些人群逐渐形成了千差万别的风俗、习惯和民族特色。服装色彩与图案、款式作为独特的象征民族精神的表情与语言，充分体现了它们对于服饰文化的理解和需求取向。因此，一种服色在某民族中被认为是吉祥如意的，但换个民族，却可能变成了禁忌的服色。例如白色，在中国古代汉民族意识中，向来是主凶象的忌讳色，使用非常谨慎，多作丧服色。而在西方很多国家民族中，却认为它是纯洁、高尚的象征，专作婚礼服色。再如绿色，众所周知是信奉伊斯兰教各族人民心目中的"色中之色"，但在中国古代官员的朝服中，却是最低级别七品芝麻官的服色，并不为人们所看重。

世界各民族的服装和传统服饰极为丰富，我们在从这个巨大宝库中吸取创作营养的同时，当然还有必要去了解各国家、地区及各民族对服色不同的爱好和禁忌，使之更好地服务于国际贸易和民族贸易。

## 第三节 色彩在服饰设计中的意义

服装作为时代的一面镜子，反映了不同民族、不同政体、不同时代的服饰面貌也各不相同，而色彩在服装设计中最具有表现性，同时也渗透了不同民族的文化属性，以及时代变革的烙印和人类自我表现所体现出的审美情趣，思想意识的象征等。也就是说，色彩在现代的服装设计中具有不容忽视的意义。

### 一、审美意义

服装色彩如同音乐，都是一种美的享受，我们很难用语言来形容一件衣服的内涵。合理的服装色彩只给人一种感觉，一种情感，一种气氛，或高雅或世俗、或拘谨或奔放、或冷漠或热情、或亲切或孤傲、或简洁或繁复，想要描述它们却很难，说不清也说不准确，但却能够确确实实地感觉到，并且常常给人以深刻的印象。

服装设计中的色彩是展示个体差异的标识，作为社会中的个人总是希望在别人面前展示自我，所以，人们就借助服装中的色彩来体现自己的与众不同，证明自己的独特性。色彩的存在与变化不仅可以建立穿着者的自信心和自尊心，而且在让他人关注自己的同时，还可以建立某种关系。服装色彩不是装饰形式本身，而是通过装饰形式美化人体，是对人体内外修饰在服装上的特定反映。色彩的装饰只是展示身体，给人的视觉带来美的享受，而服装色彩不仅仅是美化人体，也是表现社会机能的一种符号。

在现代文明的社会里，穿衣除了实现衣服本身的使用价值外，最重要的是表现礼节、尊严、修饰仪表、表现个性等。但是与其他造型艺术相比，其艺术装饰思想审美可能性要更有局限性。

**二、标志意义**

服装色彩在某种程度上反映了时代与社会风貌特色，当然，社会中的每一个人，对于服装色彩的选择，都要受到社会道德、文化、风尚的制约，同时也体现了他们的社会地位以及精神面貌。所以，服装不仅仅是个人生活中的必需品，其色彩同时还表现出了不同的社会属性和情感意志，因此，色彩是表现其身份特点的象征性标志。

**三、抒情意义**

服装色彩有别于其他艺术形式，它体现了穿着者的性格、身份、社会地位等。生活中离不了服装，服装上的色彩也随时进行着表达和诉说，在进行服装色彩设计时要遵循“time. place, who, object”的原则进行服装配色，才能更准确的传达穿着者的心情、品味和审美意义。不同色彩也传达着不同的感情，如红色是一种感情丰富、热情浪漫的色彩，红色的服装设计能够传达热情、奔放、喜庆的感觉。红色为主黑色为辅的搭配可表现出阳刚之美；红与蓝的鲜明对比更衬托了少女的妩媚与娇艳；如黑色的晚礼服、西装表现了着装者的优雅态度和高雅风度，表达了一种浪漫气息。黑色与有彩色系的冷色调搭配，可以给人一种清爽、宁静的感觉；与金银色搭配可表现华丽富贵之感。

**四、商品意义**

服装通过色彩表现季节、类别以及时尚流行等特征，同时色彩也传达着时代特征、生活方式和生活品位等，直接影响人们的审美观念和生活体验。也可以说，服装色彩既是构成服装商品的要素之一，也是体现服装整体美的重要组成部分，并且作用于服装商品的销售市场。

色彩与我们的服装息息相关，但是应用在服装上就有了更特殊的意义。时装设计大师范思哲对色彩的驾驭能力塑造了范思哲浮夸张力的一个角色，在他的世界里，色彩永远充满着旺盛的生命力。他设计的服装可以用不同的色系表达服装不同的内涵。一件服装既可以通过反复的色彩增加装饰性，如迪奥 2009 年时装发布会作品，以高纯度色与低纯度色的绿为主要色，黄色与红色点缀其中，具有过度明显而又不张扬的连续感，使之充满活力；也可以通过单一的色彩凸显高贵气质，运用一种色彩，采用层叠的款式可以打破服装的呆板，增加服装新奇的灵动感，也可以通过人体的动态产生易位交错。

在服装设计中如果不能充分的发挥服装色彩美，那么服装的样式就会成为徒有其表的形式，色彩的存在也就失去了意义。只有充分发挥色彩与服装功能的完美统一，才能充分发挥色彩存在的价值，以不断适应不同的社会需求而永葆青春活力。说到服装，首先想到的就是它的色彩。款式、色彩、材质是服装设计中的三大要素，色彩在其中起着非常重要的作用。服装色彩体现出着装者的性别、种族、职业等，作为一种无形的语言给人们传递信息。同时还体现着时代感和人们的精神面貌，它是人类文明进程的一面镜子。在现代都市繁华的世界里，色彩缤纷的服装组成了一道亮丽的风景线，人们根据自己的喜好选择自己喜欢的色彩，成为人们追求色彩个性美的阵地。我们用色彩点缀着我们赖以生存的空间。一个民族的着装素质也是反映本民族物质文明和精神文明发展水平的重要标志，因此，人们应重视提高全民族的服装色彩审美意识。

# 第二章 服饰色彩的视觉心理

## 第一节 色彩的视觉心理效应

### 一、色彩心理联想

世上存在的无数色彩本身并无冷、暖的温差之别，更无高贵、低贱之分。这些感觉无非都是色光信息作用于人的眼睛，再通过视神经传达至大脑，然后与他们以往的生活经验记忆引起共鸣，产生相应的各种联想，从而最终形成了对色彩的主观意识与心理感受。

色彩联想带有情绪性和主观性，容易受到观察者各种客观条件的影响，特别是与生活经验(包括直接经验、间接经验)的关系最为密切。

人们“见色思物”，马上会联想到自然界、生活中某些相应或相似物体的外表色彩。如看到紫色很容易联想起葡萄、茄子、丁香花等物；见到白色联想起雪花、棉花、白猫等物。这种联想往往都是初级的、具象的、表面的、物质的。另外，从色彩的命名如柠檬黄、玫瑰红、橘红、天蓝、煤黑等色也可见一斑。由于成人见多识广，生活经验丰富，因此联想的范围要比儿童广泛得多(见表 2-1-1)。

表 2-1-1　色彩联想

| 色彩 | 具象联想 |
|---|---|
| 红 | 苹果　太阳　火焰　鲜血　口红　红旗 |
| 橙 | 桔子　橙子　柿子　胡萝卜　果汁　火光 |
| 黄 | 香蕉　柠檬　向日葵　菜花　小鸡　月亮 |
| 黄绿 | 草地　竹叶　嫩芽 苹果　春柳 |
| 绿 | 树叶　草坪　森林　山　湖水　蔬菜 |
| 蓝 | 天空　海洋 宇宙　阴影　寒冰　远山 |
| 紫 | 葡萄　紫藤　茄子　紫丁香　紫罗兰　宝石　水晶 |
| 黑 | 夜空　煤炭　墨块　头发　眼睛　黑洞 |
| 白 | 雪花　棉花　白云　白纸　白兔　白猫　白发 |
| 灰 | 灰尘　银子　烟雾　老鼠　阴天　水泥 |
| 棕 | 咖啡　骆驼　猫　狗　秋叶　板栗　树干 |

### 二、色彩心理共同感觉

色彩的心理感觉是一种高级的、抽象的、精神的、内在的联想，带有很大的象征性。古人总结的所谓“外师造化(客观色彩)，中得心原(主观感觉)”就是这个意思。因此，只有成年人才能有这样的思维活动。如小孩见到灰色，最多联想到老鼠、垃圾等脏东西，明显表示不喜欢。但绝对不可能联想、感觉到高雅、绝望等抽象词意，因为在他们幼小、单纯的心灵里面，根本就不具备这些“多愁善感”的复杂思维。成人的色彩视觉心理感觉见表 2-1-2。

表 2-1-2 色彩视觉心理感觉

| 色彩 | 心理感觉 |
|---|---|
| 红 | 热情 温暖 吉祥 希望 生命 革命 危险 |
| 橙 | 可爱 甜美 明朗 华美 浪漫 爱情 喜悦 |
| 黄 | 明快 活泼 愉快 爽朗 希望 光明 轻薄 |
| 黄绿 | 青春 和平 生命 新鲜 柔软 希望 |
| 绿 | 和平 安详 活力 环保 生命 安全 新鲜 |
| 蓝 | 深沉 稳重 智慧 理智 冷静 理想 科学 |
| 紫 | 高贵 神秘 古朴 幽雅 优美 消极 |
| 黑 | 幽远 深沉 庄重 严肃 神秘 寂寞 死亡 |
| 白 | 清洁 纯真 光明 冷峻 神圣 轻柔 空虚 |
| 灰 | 柔和 细致 朴素 大方 高雅 稳定 忧郁 |
| 棕 | 成熟 朴实 随和 惬意 休闲 古朴 幽雅 |

成人对客观色彩除了有共同感觉以外，还会因个人的民族、宗教、性格、文化、职业、处境等不同条件，而形成千差万别的主观个性感觉。同时，色彩还有情随事迁的移情作用。如有人失恋后，见到红色就厌烦，并无热情、喜庆之感，原因是他原女友喜穿红色服装，所以会情不自禁地迁怒于色。再如中国古诗词中也有“惨红愁绿”的春色描写，非常恰当地反映了女性因思念未归丈夫，面对花红柳绿的美好春景，却表露出触景生情的反常色彩感受。另外，色彩的联想与感情不仅限于视觉，还与听觉、嗅觉、味觉也有一定的联系。

## 第二节 服饰色彩的性格表达

### 一、红色服装

红色在可见光谱中的波长最长，穿透力强而不易消失。红色最易使人联想到朝日、火焰，象征温暖、热情、希望、生命，是典型的暖色。在我国古代早就有“周人尚赤”之记载，作为正色历来被统治阶级所重视，屡见于贵族礼仪服饰上，“纱帽红袍”成为官场的象征性语言。“中国红”象征吉祥、幸福，是传统的喜庆色彩，民间古今婚嫁、节庆等活动无不多用此色。日常穿着范围也极为广泛，红装素裹，红袖拂尘，“血色罗裙翻酒污”，“桃花马上石榴裙”等屡见于历代诗文之中。

红色又象征忠诚、爱国、赤子之心、赤胆忠心等褒义词，无不都赞美了极为纯洁、善良、忠诚的高贵品质。但是，红色也使人联想到鲜血，象征暴力、恐怖、危险。因此，常用作革命之色、警示之色。在西方，红色代表仁爱和豪迈的献身。深红色表示嫉妒和暴虐，是恶魔的象征。粉红色极具柔和的女性化特征，有广泛的调和功能，与很多服色相配，都可取得良好的效果。略含深灰的酒红色给人以热情、高贵的感觉，也是颇受人们欢迎的服装色彩。

**二、橙色服装**

与红色一样，橙色属于典型的暖色，红橙色被认为是暖极色。它使人联想起朝霞、火光，象征炽热、跃动、开朗，另外还联想到橙、橘、柿等水果，象征甜蜜、健康等。因为明度较高，可说比红色更为华丽、热闹、活泼，因此更是年轻人喜爱的服色。橙色特别醒目，最引人注意，所以成为救生衣的首选色彩。

橘黄色较红橙色明度更高，它响亮、兴奋而更有愉悦感，健美的青少年穿着这种服色，很容易被人誉为“阳光女孩”、“阳光男孩”。橙色与白色混合成“血牙”色，与黑色混合成咖啡色，都会失去原来的性格，而变得温和、稳定，米黄色是高明度略带灰的浅橙黄色，都是人们喜爱的常用服色。在西方，橙色还有疑惑、嫉妒、伪诈的象征表情。

**三、黄色服装**

黄色使人联想到阳光、灯光、柠檬等物，它是最光辉、明亮的颜色，易见度极高，因此也被视作安全色。黄色是光明的象征，另外还有活泼、欢乐、希望、明朗、健康等含义，但其性格中也略带冷淡、轻薄的倾向。

早在周代《周礼·考工记》中就有：“天谓之玄，地谓之黄。”象征中央的记载，为中国历代帝皇的专用服色，黄袍加身，黄道吉日，“黄裙逐水流”的描写常见于古代诗文之中。

黄色又是中国佛教之色，但在西方基督教国家中，因它是叛徒犹大的服色，而被认为是卑劣的象征。在伊斯兰教义中更是象征着死亡。

中黄色相对偏暖，柠檬黄相对偏冷。纯黄色与其他色组合易受影响不太稳定，但中黄与黑色或白色相配，特别是与黑色作伴，效果格外明艳、活泼。适合于黝黑皮肤人种选用，因此为东南亚及南美等热带国家人民所喜爱，使他们更显一种强烈、奔放的粗犷美感。但对黄种人而言，就不太适宜作为服色加以使用。

浅黄色感觉温柔、平和，作为童装色很显可爱；低明度的芥末黄感觉高贵、庄严；低纯度的稻黄、土黄比较稳定、含蓄，使用面相对较广。

**四、绿色服装**

在大自然中，除了海洋和天空，大部分都被绿色的植物所覆盖，陆地上所占面积最大。它使人们联想到辽阔的草原、茂密的森林、青山绿水、春意盎然的一派勃勃生机。古诗中的佳句：“白毛浮绿水，红掌拨清波”，其意境尤为令人神往。绿色无疑是生命、青春、活力的象征。同时，它又是不冷不热的中性色，具有安定情绪、消除疲劳的功效，因此是国际和平的标志色彩，为世人所一致公认。信奉伊斯兰教的国家大多地处沙漠，因此，他们向往绿洲，崇尚绿色，绿成为最受欢迎的色彩。

近年来，由于环境及气候的恶化，在现代社会中出现了绿色食品、绿色通道、绿色服装等新名词，“绿色”这一词汇的使用率越来越高，更使它成了安全、新鲜、环保的象征，从而格外受到世人的重视和喜爱。

粉绿、嫩绿像初春的柳芽，是儿童喜爱的服色。含灰的绿如橄榄绿、咸菜色有成熟感，多为职业服及休闲服的主调色选择。

**五、蓝色服装**

与绿色相比，蓝色在自然界中的面积更大。深不可测、无边无际的汪洋大海，广阔深邃、神秘莫测的太空、宇宙无不都是蓝色。蓝色是典型的冷色，象征寒冷、沉静、智慧、理性、悠远，但它也有阴暗、忧郁、寂寞等伤感情绪表现。

蓝(青)是中国古代五大正色之一。早在汉代，古诗中就有“青袍如春草”的描写。蓝色不仅是我国古今的传统服色，在欧美、中东等地区也是广受欢迎的色彩。基督教中为圣母服色并象征到达天国。

青色俗称“靛青”，中国素有“青出于蓝而胜于蓝”的民间谚语，而炉火纯青形容的是一种很高的境界。传统的蓝印花布及青花瓷蓝，更是被国际友人称为“中国蓝”。深藏青服色最受中老年人欢迎，与略含灰的牛仔蓝一样，可说是全世界应用范围最广的服装色彩。

红味蓝显得飘逸、华美；绿味蓝端庄、稳重；孔雀蓝华丽、夺目；偏群青的宝石蓝则豪华、高雅，显出富贵气。

接近白色的浅蓝色，俗称“湖色”，是年轻人喜爱的服色。

**六、紫色服装**

介于红、蓝二色之间的紫色，既不偏暖也不偏冷，是典型的中性色，它在可见光谱中的波长最短，穿透力最弱。在自然界中，除了少数花卉、蔬果与宝石外，几乎难觅它的踪影。物以稀为贵，因此，紫色显得神秘、高贵。另外，在众多色相中，它的明度值最低，感觉幽深莫测。

在中国古代《韩非子·外诸》中早有记载：“齐桓公好服紫，一国尽服紫”，以后历代都将它定为一品高官的朝服色彩。可见祖先对紫色的偏爱。

古代西方不约而同地也将紫色视为皇权、高位的象征，是帝皇、高官的服色，因此，素有“紫色门第”、“贵族色”之称。

纯紫色一般较少选择作服色。高明度的浅紫色，俗称雪青色，具有柔媚、清高的感觉。闪光的紫色裙装即视感华丽。红紫色丝绒服装非常高贵、典雅、庄重，但如选用红紫色的低档面料制作服装，则会让人感到俗气。

含灰的浅紫服色似神秘的太空色光，颇具现代感和高科技感。但较暗的灰紫色却有迷信和不幸的意味，比较忧闷、消极，不受人们欢迎。

**七、黑色服装**

黑色是无色相、无明度、无纯度的“三无”色彩，但它包容所有的颜色。黑色首先使人联想到夜空的深沉、神秘和幽远。所以，早在我国周代，古人就将它与苍天联系在一起，并定为正色。《周易·坤》：“天玄而地黄”中的玄即为黑色，后又称元色、皂色等。历代帝皇都常作祭服色彩，而秦始皇却曾将部队的战服定为黑色，因而“黑衣”是古代军士的代称。

在西方欧美国家，黑色是教会中教士、修道士的服色，还是受难礼拜日的丧色。所以，它又为悲哀、死亡的象征。但黑色也是绅士之色，正规传统的西装、燕尾服、礼服都用它作服色，显得十分庄重、优雅，若女性作晚礼服，则色感别有风韵，尽显冷艳美感。

黑色在现代社会中也极受欢迎。一方面，它是“百搭”、“万能”之色，特别与个性强烈的色彩组合，更具靓丽夺目、青春焕发的活力；另一方面，随着美国电影《星球大战》主角达兹，披着豪华型黑色大氅的横空出世，它立即引领了当代服色的时尚潮流。暖味黑、蓝味黑都交替成为“时髦色”、“摩登色”，至今方兴未艾，欲罢不能。

**八、白色服装**

黑白历来分明，白作为黑的对立色彩，它拒绝所有的颜色，无色相、无纯度、最高明度，个性也十分突出。它使人联想到白日、白云、白雪皑皑、羽毛、粉墙等景物，象征光明、恬净、纯真、怡静、冷峻、清白、朴素、轻柔等情感，但也有空虚、单调、平淡、不祥的负面印象。

在中国古代，白也为五大正色之一。唐宋时代起就既作“白衫”为便服色，又兼为寄托哀思的凶服色，这种传统习俗一直流传、延续至今。至以西方乃至全球的新人，将白作为象征神圣、纯洁、圆满爱情的婚礼服色，已为众所周知的雅俗。

白色的亲和力也很强，仅次于黑色。与个性强烈的色彩配组，会使它们变得更加鲜明、靓丽，特别是年轻人穿着，更显青春活泼的动人魅力。

漂白又称特白，略带蓝光色味稍偏冷。本白略带浅黄灰色味偏暖，虽不纯正，但却更具安定、朴实、沉着之感，是人们普遍喜爱的服装色彩。另外，还有鱼肚白(含有微绿)、月下白(含有微银)、东方亮(含有微灰)等色皆富有诗情画意，令人遐想联翩，也都是民间古今常用的服色。

**九、灰色服装**

黑白相混得灰色，它是典型的中性色。显得平心静气、柔和、细致、朴素、大方、稳定，但灰色也易使人感到呆板乏味、忧郁、寂寞，以致令人灰心丧气。

中国古代帝王、贵族将灰色排斥在正色、间色之外，贬为贱色，认为它不尊贵、不富丽，而具贫穷、低贱的灰气相。

灰色服装具有高雅、稳重的风韵，略含色相感的含灰色给人以温文尔雅而有素养的高档感。其他色之它相配，不受明显地影响，因而颇受现代人的欢迎。特别是随着航天事业的发展，浅淡的银灰色、珍珠色，成为仿太空服、宇航服时尚潮流的代表色，为广大青年人所喜爱(见图 2-2-9)。

至于中老年人穿用的烟灰(略含蓝)、驼灰(略含棕)、豆灰(略含紫)等中深色服装，显得大方、自然、深沉、稳重，历来为我国的传统服色。

**十、光泽色服装**

指金、银、铜、钢等金属光泽的色彩。它们的光辉感很强，“金碧辉煌”、“金银闪烁”等成语都是形容其炫耀、醒目的色彩功效。特别是金色更显富丽堂皇，象征荣华富贵、纯正忠诚。其在古代东西方帝王、贵妇的服装上应用很多，“蹙金开衬银泥”、“银泥衫稳越娃裁”、“舞裙香暖金泥凤”的描写在古诗词中不为少见。据载，唐代衣服用金之法甚至达到了十八种之多。但大面积使用金色则感觉很刺目，显得浮华、俗气而失去稳重感，所以现代服色中已不太常见。

银色性格比金色温和，显得雅致、高贵，略带蓝光，具有浅灰色的特性，仅次于金色，能与任何色彩配合，起到调和作用。不锈钢的光泽接近银色，但更具现代感。铜的光泽类似金色，但略偏红味，强度有亚光感，相对比较含蓄。

光泽色是华丽型服装及服饰配件中用于点缀和局部组合的重要色彩。近年来的日常时装中，将抛光塑料、人造水晶、珠光亮片作为重点装饰，巧妙地加以应用且范围越来越广。这类产品价格并不昂贵，但却颇富强烈的现代感、精品感和高科技感，因此，深受时尚达人们的欢迎。

## 第三节 视觉效应与服装色彩设计

### 一、色彩易见度

顾名思义，即色彩在视觉中容易辨认的程度称为色彩的易见度，也就是色彩“出跳”、“夺人眼球”的程度。这对服装色彩设计中，考虑如何选择突出主调色及如何搭配“伙伴色”无疑至关重要。

一般说光亮度大、面积大、集中对比强的色彩易见度高，反之，则易见度低。另外，地色与形色的对比关系也很重要，特别是明度对比作用。当然，色相也是应该关注的元素。

根据有关专家的调查色彩视认易见度顺序，光彩夺目、一目了然的最佳前三位是：黑地上的黄色、黄地上的黑色、黑地上的白色。目迷五色、朦胧难辨的最差前三位是：黄地上的白色、白地上的黄色、红地上的绿色。其他如紫地黄、紫地白、蓝地白、绿地白、白地黑、黄地绿、黄地蓝等色易见度都较高。红地蓝、黑地紫、紫地黑、灰地绿、红地紫、绿地红、黑地蓝等色易见度都较低。所以警示服多用大面积黄与黑色组合，因为它最醒目，安全性能更可靠。

### 二、色彩错视及服色设计

俗话说：“百闻不如一见”，但是，眼见未必为现存在的实际色彩，会产生一定的视觉偏差和判断失真，这种现象称为色彩错视或错觉。设计师可以利用这些错视效果，来掩盖、调节消费者体型上的某些不足和缺陷，以使他们达到最佳的穿着效果。

1、大小与前后

在同一环境中，当我们注视等面积、同形的色彩时，会发现暖、浅的色彩比实际显得大些，所以称它们为膨胀色，而冷、深的色彩比实际显得小些，因此称它们为收缩色。据国外专家歌德研究断定，一个放置在白地上的黑圆，比一个放置在黑地上同样大小的白圆，感觉要小五分之一，误差还是相当明显的。

与此同时，由于人们日常生活中观察物体“近大远小”的视觉经验积累，因此必然会感觉膨胀色向前，而收缩色往后。另外，在人眼的视网膜上，暖色与冷色的成像并不在一个平面上。再者由于空气的透视作用，远处的景物都感偏冷，这在唐诗中就早有“远上寒山石径斜”的描述，说明暖色朝前、冷色靠后的体验是古已有之而永恒不变的。

2、轻重与软硬

观察同样的物体，由于色彩的不同而有轻、重的相异感觉。这种错视、错觉的决定因素是色彩的明度，人们普遍感到浅色要比深色轻。因为视觉经验和心理判断提醒观者，白云、白帆、棉花、朝霞等景物是轻快的，而钢铁、大理石、乌云、山脉等景物是沉重的。“轻舟已过万重山”就是古代诗人对色彩轻、重感受的绝妙写照。其实，轻者自轻，重者自重，一公尺同质黑色面料与一公尺同质白色面料，并无重量差别。

一般而言，重的物体感觉偏硬，轻的物体感觉偏软。因而，假如有人试将棉花染成黑色，作“黑心棉被”出售，这种在心理上感觉又“重”又“硬”的“新产品”，恐怕很难被消费者所接受。

另外，色彩的软硬感与纯度也有关系。因为含灰的色彩使人联想起狐狸、松鼠、猫、狗等动物的毛皮等物。如果用现代科技培养出转基因宠物大红的狗、翠绿的猫，同样也不会受人欢迎，因为这种火爆的色彩感觉太“硬”了，毫无“软”性而言。因此，我们在设计羊毛衫及毛皮、呢绒服装色彩时，要考虑纯度偏低的方案，否则很可能有“含毛量”低不够柔软的怀疑。

3、冷暖与中性

色彩的冷暖感，可以说是人们最为敏锐、明显的心理知觉。我国古诗中就有“暖屋绣帘红地炉”、“山雪河冰野萧瑟”的生动描写，虽然见诸的是文字，但读者在色彩上即刻产生了冷暖的情绪感觉。

红、橙色暖，蓝色冷，紫、绿、黄色中性，这是众所周知的常识。但是，色彩的冷、暖还有其相对性。如黄色与红色相配，感觉偏冷，与蓝色组合则感觉偏暖。

无彩色系中白、灰色略呈冷感，黑色呈中性感，但在蓝色衬托下有偏暖的错觉，在红色衬托下则有偏冷的倾向。

4、补色错视

唐代大诗人杜牧的《江南春》中的名句“千里莺啼绿映红”，描写的就是补色关系。我国民间也有“牡丹(红)虽好，绿叶相辅”的谚语，红花在绿叶(补色)的衬托下，显得更红了。色相的“负后像”即视觉生理、心理平衡需要而产生的“补色”，红与蓝绿、黄与蓝紫、橙与蓝色组合时尤为突出。如黄地色上的灰色感觉偏紫，注视越久效果越明显。因此，手术医生在临床开刀时，久视血红色后，生理、心理都渴望其补色—蓝绿来加以补充“中和”，以消除疲劳。此时，环境及服装的蓝绿色就充分发挥了这种功能，为避免超显微手术出现医疗事故起到了一定的作用。

5、明度错视

唐代诗仙李白在名诗《静夜思》中“床前明月光，疑是地上霜”中描写的就是明度错视现象。其实照在地上的月光明度并不高，由于周边黑暗的包围，所以显得像霜雪那样白亮。因此，当我们将同形同面积的浅色置于黑地上时，比置于白地上感觉要浅。同理，黑人的牙齿感觉要比白人的牙洁白得多，到晚上在黑暗中简直有发光的错觉。

观察国人近年来崇尚“美白”的审美观变化，就不难解读黑色服装大行其道的原因，在黑色的衬托下，时髦女郎的肤色全都“被白皙”了。另外，明度错视的现象在色彩边缘交界处更为明显，似有拱起如中式瓦片那样的圆面立体效果。其他如纯度也有错视感觉，灰色与艳色相邻，灰者更灰，艳者更艳。

# 第三章 服饰色彩对比的设计应用

法国当代色彩学家郎科罗如是说："我们研究工作的重点，是让教与学共同来诱发起色彩高品位的能力，使平淡无奇的颜色群，通过一定形式的组织，而释放出色彩美的光华。"

服装色彩设计的过程，就是这种创造、释放色彩美光华的过程。在现实生活中，色彩不美的服装决不会被人们所青睐，其审美价值和经济效益也就无从谈起。因此，服装设计师必须要从美的视角去思考问题，去精心设计服装色彩的对比、组合效果。服装色彩综合美大致包括四个方面：对比美、形式美、流行美、图案美。

有比较才有鉴别，就单个色彩而言，很难评价其美与不美，只有当它们经过选择、组合后，才能产生对比审美效果，真好比"一只碗不响，两只碗叮当"那样的道理。

## 第一节 服装色相对比

两个以上(包括两个)色彩组合后，因色相不同而产生的色彩对比效果称为色相对比，它是服装色彩对比的显著与根本方面。其对比强弱程度，取决于色相在色相环上所处的位置和形成的角度(距离)，角度越小对比越弱，角度越大对比越强。

### 一、零度对比

1、无彩色对比

无彩色虽然为零色相，但它们的组合在服装色彩设计中很有实用价值。民间谚语有"若要俏，一身孝(素)"，意即女子如穿一身无彩色，会显得别有风韵，更加清俊可爱。

如黑与白、黑与灰、白与灰，或黑、白、灰，白、中灰、浅灰等色的对比，效果感觉高雅、大方、庄重、含蓄，富有现代感，但若使用不当，则易产生过于素净、单调的负面视觉感受。

2、无彩色与有彩色对比

如黑与红、白与蓝、灰与紫，或黑、白、橙，白、灰、绿，深灰、中灰、黄等色的组合。感觉既大方又活泼，现代感极强。红装素裹的穿戴，有彩色的活跃加上无彩色的沉着，恰似菜肴中的"荤素搭配"，更受大众欢迎。无彩色面积大时，偏于高雅、庄重，一般使用年龄偏高；有彩色面积大时，则使用年龄偏低。这样适应面就更为广泛。

3、同种色相对比

一种单色相不同明度或不同纯度变化的对比，俗称姐妹色搭配。如紫、中紫、浅紫色或橙、咖啡(橙+灰)、浅橙(橙+白)或粉绿(绿+白)、墨绿(绿+黑)、绿等色的组合，由于它们分别出自同一"家族"，所以有明显的统一亲和力。感觉文雅、单纯、柔和、稳重而层次分明，但由于是"近亲繁殖"，也易产生单调、乏味、软弱的弊病。这种类型，一般为中老年的服色选择。

4、同种色相与无彩色对比

如蓝、浅蓝、白或深咖啡、浅咖啡、黑等色的组合。由于对比效果兼收并蓄了(2)与(3)

类型的优点，因此除却感觉大方、稳定、统一以外，同时还增加了色彩的层次反差和活跃程度，所以更受广大消费者青睐。如果这个同种色相使用的是流行色，则效果尤佳。

**二、调和对比**

1、邻接色相对比

色相距离约 30° 的组合。如红、红橙、橙，或黄、绿黄、黄绿等色的对比，感觉统一、和谐、柔软。由于色相都是左邻右舍，距离很近反差又小，所以亦感软弱、无力、平板，特别是远视效果模糊欠佳，易使消费者误解成有“色差”的不合格产品。一般较少直接使用，必须依靠调节服装色彩的明度反差，以加强对比效果。

2、类似色相对比

色相距离约 60° 的组合。中国国旗红橙与黄色的组合就是典型的实例。这种类型较邻接色相对比的反差、强度虽然有所加大，但由于它们“色以类聚”，彼此有着共同因素，如黄橙、黄、绿色组合中各色都含黄色相，所以其效果既丰富、活泼，又能保持统一调和，具有耐看、雅致、和谐的优点。远视效果较鲜明、醒目，易见度较高，是一种良好的服色搭配选择。

3、中差色相对比

色相距离约 90° 的组合，是一种色相对比反差强烈，但还守住调和底线的类型。如黄橙与绿或红与绿黄等色的搭配，效果明快、活泼、饱满、热烈，对比既很有力度，使人振奋，但又不至于刺目、上火，也是一种良好的配色选择，可直接应用于童装、体育装、舞台表现装等服色的设计。

**三、强烈对比**

1、对比色相对比

色相距离约 120° 的组合。如黄绿与红紫或蓝绿与黄橙等色的对比，效果非常强烈、醒目、有力，但不够统一，易感杂乱、刺激、火爆，造成视觉疲劳。此类组合一般不直接使用，需采用多种手段来加以调节，以改善对比冲突的效果。

2、补色对比

色相距离为 180° ，即色相环上通过圆心直径两端的色相组合。如黄与蓝紫、橙与蓝、红与蓝绿等色对比，效果特别强烈、眩目、火爆，但也最有力度。如直接应用这类对比，则易产生幼稚、原始、粗俗、生硬的不协调感觉。

3、强对比调和

为了将上述对比过于强烈的服装色彩，达到一种广义的调和境界。即色调既保持鲜艳夺目，但又不过于尖锐、刺目、对抗、碰撞，这好比“化干戈为玉帛”，让矛盾得到缓和。从而使人能获得生理、心理上相对平衡的审美愉悦，这就必须运用如下几种强对比调和的手法。

（1）面积法。扩大强对比双方色彩面积的反差，使一方处于绝对统治的地位，以避免出现平分秋色、分庭抗礼的态势，从而取得古诗词中所描写的“万绿丛中一点红”、“动人春色不须多”那种美好的意境。

（2）阻隔法。在高纯度、强对比的各色彩之间，嵌入金、银、黑、白、灰等分离色的线条或块面，改变它们边缘相接的状况，使其有所“调解”、“缓冲”。如画家蒙特里安的作品，将红、黄、蓝三种纯色方块之间，用粗直的黑线及白色的方块加以阻隔，使其成为充满了富有现代特点和魅力的色调而夺人眼球。

（3）混入法。在原来色相对比强烈的多方高纯度色中，分别调入不同程度的黑、白、灰等色，用明度及纯度要素的变化进行调节，以增加色彩的成熟度和调和感。如红与绿色的组合，未经处理时，难免有生硬、粗俗之感。但使用混入法后变成了粉红(红+白)与墨绿(绿+黑)的色彩对比，情况就大为改观。这时好比观赏国色天香的牡丹花那样，色感就变得生动、自然、美艳多了。

（4）综合法。将上述两种以上(包括两种)方法同时综合使用，则效果更为丰富、多变。如蓝与橙色的等面积对比组合，用面积法将蓝面缩小，将橙面扩大。同时，在蓝色中混入白色成浅蓝色，在橙色中混入灰色成咖啡色，这样的浅蓝与咖啡色的组合，给人的感觉既对比有力，又调和悦目，色调变得丰富、成熟、优美。

## 第二节 色彩明度与纯度对比

### 一、明度对比及其基本类型

美国的美学家鲁道夫•阿斯海姆曾说：“严格说来，一切视觉表象都是由色彩和亮度产生的。那界定形状的轮廓线，是眼睛区分几个亮度和色彩方面都截然不同的区域推导出来的。”明度对比的重要性可见一斑。

两个以上(包括两个)色彩组合后，因明度不同而形成的色彩对比称明度对比。它是体现服装色彩对比层次感、立体感、深浅度的重要因素。其对比强弱程度，取决于色彩在明度等差系列色标上所处位置的间隔距离，距离越长对比越强，距离越短则对比越弱。

若将黑(或深)色至白色分成 10 等差明度系列色标，以 1～3 定为低明度区，4～7 定为中明度区，8～10 定为高明度区。在选择色彩进行对比时，当基调色与对比色的间隔距离在 5 级以上时称为“长”，3～5 级时称为“中”，1～2 级时称为“短”。

以三个色彩组合为例，据此可列出九种明度对比基本类型，亦即同一款服装有九种不同明度设计方案(见图 3-2-1、图 3-2-2)。

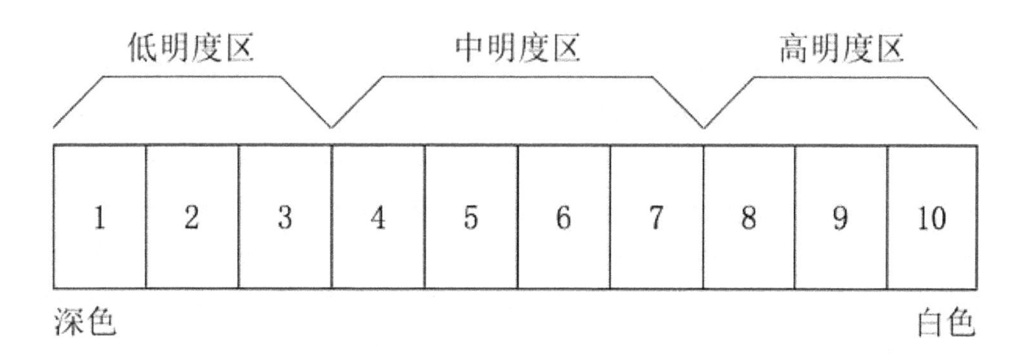


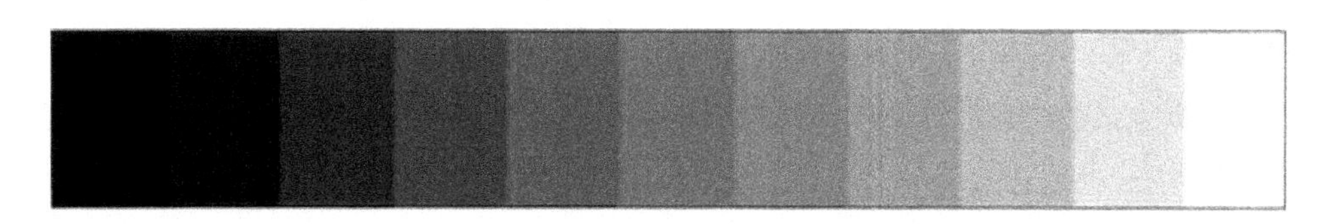

图 3-2-1 明度对比等差色标

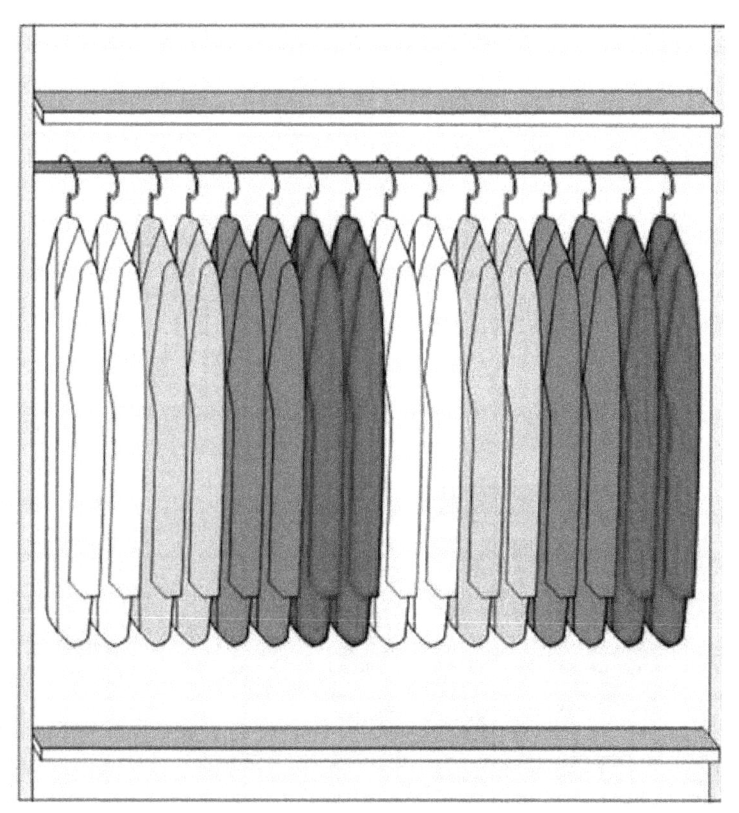

图 3-2-2 明度对比基本类型

（一）高调

(1)高长调。如 10：8：1，视感强烈、刺激、明快、醒目、锐利。

(2)高中调。如 10：8：6，明快、清晰、愉快、舒适、平静。

(3)高短调。如 10：9：8，浅淡、柔和、朦胧、雅致、女性。

（二）中调

(1)中长调。如 7：6：1,强硬、稳重、生动、明确、男性。

(2)中中调。如 4：6：8,温和、丰富、文静、舒适、少力。

(3)中短调。如 4：5：6,含蓄、平板、梦幻、模糊。

（三）低调

(1)低长调。如 1：3：10,雄伟、爆发、深沉、警惕。

(2)低中调。如 1：3：5,厚重、朴实、保守、男性。

(3)低短调。如 1：2：3,深暗、沉闷、压抑、神秘、恐怖。

两个及两个以上色彩组合后，因纯度不同而形成的色彩对比称纯度对比。同样面积的色彩，纯度对比的效果没有色相对比、明度对比那么强烈、明显，相对较为隐蔽、细腻，含而不露。但它恰是决定色调感觉华丽、古朴、高雅、粗俗、刺目、闲适与否的关键，因而，要格外对此进行关注。其对比强烈程度也取决于色彩在纯度等差系列色标上的间隔距离，距离越长对比越强，反之则对比越弱。

若将灰色至纯鲜色分成 10 等差纯度系列色标，以 1～3 划为低纯度区，4～7 划为中纯度区，8～10 划为高纯度区。在选择色彩组合时，当基调色与对比色的间距在 5 级以上时称为“强”，3～5 级时称为“中”，1～2 级时称为“弱”。似同明度对比那样，据此可列出九种纯度对比的基本类型，亦即同一款服装有九种不同纯度设计方案(见图 3-2-3)。

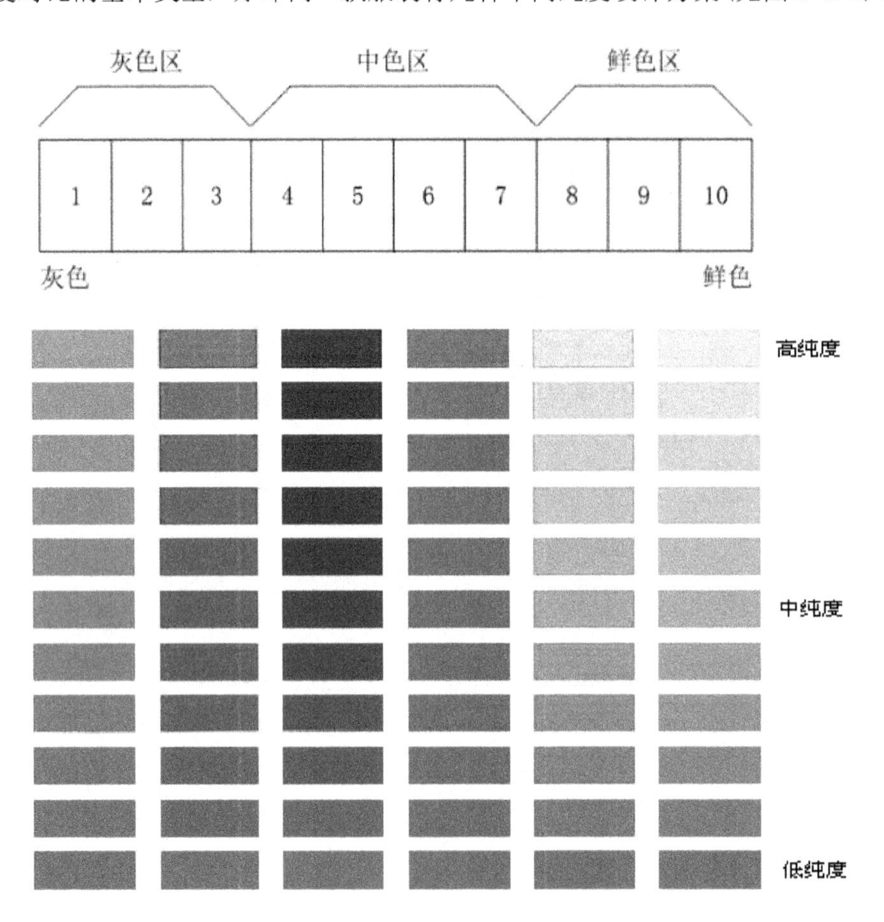


图 3-2-3　纯度对比等差色标

### 二、纯度对比及其基本类型

（一）鲜调

(1)鲜强调。如 10：8：2,视感华丽、强烈、鲜艳、生动、奔放。

(2)鲜中调。如 10：8：6,较生动、较强烈。

(3)鲜弱调。如 10：9：8,刺目、幼稚、粗俗、火爆。

（二）中调

(1)中强调。如 7：5：1,视感合适、稳重、大众化。

(2)中中调。如 4：6：8,温和、文静、舒适。

(3)中弱调。如 4：5：6,含混、呆板、模糊。

（三）灰调

(1)灰强调。如 1：2：9,高雅又活泼、大方。

(2)灰中调。如 1：2：5,较大方、朴素、沉静。

(3)灰弱调。如 1：2：3,雅致、文静、朦胧、柔软、含蓄。

## 第三节 综合对比及色调处理

### 一、综合对比

多种色彩组合后，由于它们的色相、明度、纯度等都不同，由此所产生的综合、总体效果，称为综合对比。它显然比单项对比丰富、复杂，相对不太容易把握。但色彩的组合与音符的组合有相似之处，人们常说：“色彩是无声、凝固的音乐，音乐是有声、流淌的色彩”，漂亮、悦目的色调同优美、悦耳的曲调一样都能给我们带来美的享受。但是，“噪色”和“噪音”也同样都能给人类的生活带来损害。

因此，服装设计师在考虑组合色调时，要突出与乐曲音调相类似的，或华丽，或抒情，或雄壮，或柔和的总体倾向，因为有倾向才具特色，只有强调、突出色彩的某一侧面，并充分显示所配服装色彩与众不同的特色，才能达到吸引消费者眼球的目的。

### 二、色调的分类

日本色研体系(P.C.C.S)的色调共分为 16 个类型，虽很细致，但显复杂不便记忆。笔者通过多年实践，认为将它们简化成五种基本色调类型，教学效果证实更好。

综上所述，色调倾向通常大致可归纳成鲜色调、灰色调、浅色调、深色调、中色调五种。同时，每种色调又可分为暖、中、冷三种不同的感情倾向。如鲜色调就有暖鲜色调、中鲜色调、冷鲜色调等。另外，同一色调也可能有所偏向，如偏浅的灰色调、偏深的灰色调等。

三、色调的特点

1、鲜色调

以高纯度、强对比(一般 90° 以上)的鲜艳色为主调基本色彩(也有少数主调色面积倾向不明显的强对比色调)，其中主要突出了纯度要素。一般都要用金、银、黑、白、灰等阻隔色，插入其间作缓冲、调节，以达到既新鲜又不俗气、既统一又有变化的视觉调和效果。感觉生动、兴奋、华丽、活泼、积极、健康，充满活力且富有现代特色，如橙、蓝、明黄与小面积黑、白等色的组合，或红、绿、橘黄与小面积金等色的组合。鲜色调一般适合运动服、舞台服、表演装、童装及某些礼服、时装的服色搭配。

2、灰色调

以低纯度的含灰色及灰色作大面积基调色，小面积中、高纯度色作对比色，其中主要也突出了纯度要素。色调整体感、调和感强，给人以高雅、含蓄、朴实、细腻、耐看、古朴、柔软等视觉感受，如紫灰、带灰的橄榄、带灰的褐、褐、灰等色的组合，或浅绿色、蓝灰、灰、明黄等色的组合。灰色调一般适宜作礼仪服、传统服、职业服、时装、秋冬装等的配色选择。

3、浅色调

以高明度色彩为主调的组合，使各色中都含有较多的白色，有时还与白色相配，以加强这种粉色调的倾向，小面积中、深色作对比、点缀。其中主要突出了明度要素，色调统一感强，有轻快、优雅、明朗、透明、甜蜜、清爽、温柔及女性化的视感印象。如浅紫、粉红、白、蓝等色的组合，或淡黄、浅灰、白、绿等色的组合。

浅色调一般适宜作童装、少女装、运动装、内衣、春夏装、轻便装及某些时装、礼服、表演装等的服色选择。

4、深色调

在低明度的深色相(如蓝、蓝紫、紫、蓝绿、红紫等色)或其他色相中调入黑色(如红+黑=枣红，橙+黑=深咖啡，绿+黑=墨绿)作为基调色，同时，为了加强这种深调倾向，往往还以黑色组配，然后以中、浅色作小面积对比色。深调主要也是突出了明度要素，感觉沉着、庄重、强硬、稳定、老练、雄厚、坚实及男性化等。如海军蓝、深青绿、黑、白等色的组合，或墨绿、紫红、黑、带灰的黄等色的组合。深色调一般适宜作礼仪服、传统服、职业服、秋冬装、男装及某些时装、礼服的配色。

5、中色调

以不深不浅、不鲜不灰的中明度、中纯度色彩(如咸菜、橄榄、桂圆、牛仔、酒红、藕红、古铜、咖啡、卡其、土红、土黄、土绿、驼、褐、棕、茶等色)作基调色，鲜、灰、深、浅色均可作小面积对比色。中调主要突出了明度与纯度的综合，是一种最普及、最大众化，量大面广、中庸之道的配色倾向。它给人以平和、随意、舒适、大方、稳定、成熟、朴实、从容、悠闲、惬意的轻松感觉。如咸菜、酒红、白等色，或橄榄、咖啡、浅灰褐、红等色的组合。

中色调最适宜作宽松的便装、休闲装、避暑装，其他除了童装、运动服等以外几乎所有的服色都可采用。

# 第四章 服饰设计与色彩形式美

## 第一节 服饰色彩形式美设计应遵循的原则

服装色彩设计的意念及实质，旨在进行色彩组织中考虑、经营它们的位置、面积、形态、空间相互间的关系，如何形成多样统一又不乏对比、整体和谐的视觉美感。这就必须掌握、依靠形式美的基本规律——均衡、比例、节奏三大法则和运用相应的设计手法去加以实现。

### 一、均衡

均衡原是物理重力学的一个名词。这里是指服装色彩组合后，其对比的强弱、轻重，给人以生理、心理上平稳、安定与否的视觉感受，即色彩搭配的合理性、匀称性、美观性。均衡有以下三种形态。

（一）对称平衡

(1)左右对称。人体从正面观察时中心轴线左右两边等形、等量，称为左右对称，也称绝对均衡。因此，人们大部分常用的服装也是左右对称的款式，其特点是庄重大方、四平八稳，但也感拘谨、呆板、平淡、乏味，特别是这种镜中映像式对称更为明显。幸亏人体经常处于活动状态之中，产生一定的生动、活泼之感，在一定程度上弥补了这种不足。

(2)放射对称，也称中心对称。是以放射点为中心，等角度排列的对称形式，状如树叶的叶脉。

(3)迴转对称，也称逆对称，状似风车的形态。虽然中轴线两侧等形等量，但经移动、错位、迴转后，形态按一定规则重新配置，如在中国传统的八卦图中，有静中有动的感觉。

(4)放大对称。形态按一定的比例同心放大，状如“一石激起千重浪”的水波圈纹样。以上后三种对称形式相对较有动感，也是常用的服色设计手法。

（二）非对称均衡

也称相对均衡。以中轴线、中心点为准，两边呈不等形不等量，但又基本接近的非对称形式。生理、心理仍有相对稳定、舒适的观感。非对称均衡状态下的服装配色，表现出生动、丰富、多变、灵活、微妙、新颖的特点，更具情趣感，也是常用的一种美感设计形式。

（三）不均衡

以中轴线、中心点为准，两边不等形、不等量，相差较大呈不均衡状态，视觉生理、心理有失衡、不稳定的感受。这在一般情况下认为是不美的，使用相对较少。但是，在特定的条件和环境中，此种标新立异、奇思怪想的不均衡美被认为是一类新的美感形式，也逐渐被人们所接受。服色不均衡设计有以下两种形式。

(1)服装款式对称，色彩不均衡，如半边白半边黑的马戏团小丑装。

(2)服装款式不对称，色彩也不均衡。这种形式在晚礼服、舞台服、表演服、前卫服中使用较多，能给人以争奇斗艳、出乎意料、拍案叫绝的惊艳之感。

但是，如果处理不当，则会产生不大方、不高档，甚至是怪诞、丑陋的不良印象。

**二、比例**

比例指服装色彩各部分彼此之间的对比性、匀称性，是整件(套)服装中部分与整体、部分与部分之间长度、面积的比较关系。它们有以下三种类型。

(1)理想比例，又称黄金比例。是古希腊人总结出的经典发现。绝对值是 1：1.618……，为了使用方便，通常将它简约成 2：3：5：8：13……，常用的搭配为 2：3，3：5，5：8 组合。服装上下、内外、前后各部分之间的配色设计，如遵循这一等比关系，则可取得典雅、自然、和谐的美感。但是物以稀为贵，如果“满城都是黄金比”，到处滥用这种比例，则也会给人乏味、厌烦的感觉而失去其特有的美感价值。

(2)非理想比例。生活是丰富多彩的，服装是千变万化的，实际设计中不可能处处生搬硬套理想比例。所以，大量的非理想比例被广泛应用，这种灵活、多变的形式，很难用统一、标准的数字来标明，只能是随机应变地在实践中不断去创新、发现。但是，无论如何面积相同、长度一样的等比例设计，应当尽量避免。如面积 1：1 的红绿两色搭配，它们势均力敌、互相排斥，必然会产生刺目、离心的后果。这时应将其中一色的面积比例扩占优势，使另一色处于从属地位，以增加双方比例方面的对比组合情趣。

(3)流行比例。服装流行在很大程度上是面积、长度尺寸的变化，是常规、标准服装比例的延伸和创新。长长短短、宽宽松松、长衣短裙、短衣长裙等，像万花筒一样变化，永无止境。作为一名服装设计师，至关重要的是必须随时掌握这方面的流行信息与变化动态。

三、节奏

也称节拍。原是音乐、诗歌、舞蹈等艺术领域中的词汇。有规律性的重复和强弱交替的间隔形成节奏，它带有时间性、运动性及方向性的特征，人们能通过听觉或视觉感知这种形式美的存在。服装色彩设计中，调动色相、明度、纯度、面积、形状、位置等要素进行变化，在反复、转换、聚散、重叠、呼应中形成节奏、韵律美感。节奏一般有如下三种形式。

（1）重复性节奏。也称往返式节奏，有简单和复杂之分。简单节奏用较短时间周期的重复，达到统一的目的，带有一定的理性和机械性。它以单位形态和色彩有规律地循序反复，表现为：强→弱→强……、粗→细→粗……、深→浅→深……、鲜→灰→鲜……、冷→暖→冷……等等。如四方连续图案的面料(特别是条、格纹样)及二方连续装饰花边的使用等，均能体现出节奏美感。

（2）定向性节奏。也称渐变式节奏，指将服装色彩按某种定向规律作循序排列组合，它的周期时间相对较长。形成由浅到深、或由鲜到灰、或由大到小、或由冷到暖，或相反形式的布局。定向性节奏给人以反差明显、静中有动、高潮迭起、光色闪烁等奇妙的审美体验。服装色彩渐变有色相、明度、纯度、面积、冷暖、互补、综合等多种表现形式。

（3）多元性节奏。也称复杂节奏。它由多种简单重复性节奏或渐变性节奏综合应用而成，这种多元素按一定规律排列组合的效果，有时也称之为韵律或旋律。它具有动感强烈、层次丰富、形式多变、优美悦目的特征。但是，如果处理不当，易产生东拼西凑、杂乱无章、“噪色”扰人的不良感受。

色彩节奏感是服装整体形式美的一个组成部分，在形成服装不同风格的设计中起着至关重要的作用。

## 第二节 色彩形式美在服饰设计中的运用方法

### 一、呼应

又称关联、照应等。它是形式美反复性节奏在服装色彩设计中体现的常用传统手法。无论是设计服装单品还是套装，乃至服饰配件的色彩，往往都不是单一、孤立的。而是设法使处于不同空间和位置的某些色彩重复出现，呈现你中有我、我中有你、彼此照应、总体统一的态势，从而取得平衡、节奏、秩序、和谐等综合美感。服装色彩设计的呼应手法有以下三种。

(1)分散法。使服装的不同部位同时重复出现某些色彩。通常是在领口、袖口、袋口、裤口、胸口、摆边、襟边、衩边等部位，运用传统工艺作装饰处理，手法有滚、嵌、镶、拼、烫、盘、镂、贴、绣、绘、扎染、蜡染等。如中式大红织花外衣上，在领、肩、袖口、斜襟等处，用宝蓝、金、白三色的花边及面料作重复镶、拼，这种既锦上添花又浑然一体的服色效果，给人以精心设计、精心制作的精品之感。但是，分散手法的应用也要适可而止，如中国晚清贵族妇女服装上曾流行过重重叠叠的沿边装饰，甚至到了“十八镶滚”之多，就显得事倍功半，过于烦琐与累赘。

(2) 提取法。当服装由花色面料与单色面料组合而成时，其单色可考虑从花色中提取某一色。例如，两件套的女装，上衣是红、蓝、黑等色组成的花色面料，下装裙子的色彩设计可提取使用单一的红色或蓝色或黑色，这样上下装之间亲和、配套、整体的视觉美感就会油然而生。

(3)综合法。将以上两种手法在同一服装上同时应用，效果更佳，更能造就统一协调、情趣盎然的高档精品感。

### 二、渐变

又称推移、推晕等。体现形式美定向节奏在服装色彩设计中的时尚应用手法，是服装色彩元素在量上的递增或递减或互变的规律性变化，因其逐步平稳过渡的特点，所以能给人带来一种和谐、优雅的视觉感受。它是将三个及三个以上色彩按一定方向、等级性或等差性或等比性循序渐进进行排列组合。有时色彩之间有界限，有时则无明显接痕。如唐代妇女所穿的“晕花裙”上的“晕花”。这种有强烈时尚感和服饰性的设计手法，目前在国内外仍是方兴未艾、广为流行。服装色彩的渐变手法主要有如下几种。

(1)色相渐变。服装色彩按色相环顺序排列组合的形式，有时是全色相顺序，如红、橙、黄、绿、蓝、紫色的搭配。有时也可能是局部色相顺序，如黄、黄橙、橙、红橙、红等色的搭配。应用这种手法虽然选择色相多、纯度高，但由于调和有序，能给人以彩虹感、高科技感，具有华丽、灿烂、震撼的视觉吸引力。

(2)明度渐变。服装色彩按浅、中、深或深、中、浅，同一色相等级性有序排列的组织形式。如深咖啡→中咖啡→浅咖啡→白色的组合，色调感觉闪烁其光、变幻有序、和谐悦目。

(3)纯度渐变。服装色彩按鲜、中、灰或灰、中、鲜同一色相等级性有序排列的组织形式。比如红→红灰→灰色的组合。另外，补色渐变则是两个纯度渐变综合延伸形成的。比如蓝→蓝灰→灰→橙灰→橙色的搭配。

(4)面积渐变。服装色彩按面积大、中、小或小、中、大同一色相等级性有序排列的组织形式，其效果优美、柔和，给人以近大远小的空间透视观感和静中有动感。

(5)综合渐变。服装色彩按上述两种及两种以上的手法同时进行综合应用。如色相与面积渐变的综合，明度与面积渐变的综合，色相与纯度渐变的综合，纯度与面积渐变的综合等。效果更为复杂、丰富、多变，观赏性更强。

**三、重点**

又称点缀、强调。是形式美比例在服装色彩设计中的应用手法。为了避免在服装配色时出现单调、乏味的效果，特意设置某些小面积色，强调作为突出的重点，成为“众视(矢)之的”，诱导吸引人们的视线聚焦，到这些妙趣横生的亮点、要点上来。重点色彩的使用需注意以下几点。

1、小面积。重点色面积不宜过大，否则会与主调色平分秋色、分庭抗礼，导致整体统一关系的破坏。因此，需用得适度、适量，使色调取得既多样又统一的视觉美感，起到画龙点睛的作用。但是，对比色的面积也不宜太小，不然易被周围的色彩所同化、融合而失去预想的效果。

2、相反色。配色的重点应使用与主色调相反的对比色，在色相、明度、纯度甚至材质肌理方面有主次、虚实的区别。这样虽然重点色用量较小，但由于其色质和色感上的对比互衬作用，能够左右整个色调的气氛，增强其活力，从而实现突出重点的设计目标。色彩的相反方面可考虑使用：深与浅、鲜与灰、冷与暖、单色与花色、闪光与不闪光、毛糙与光滑、透明与不透明等不同的对立因素。

3、重位置。重点色的位置理应选择赫然、夺目之处，在人体、服装的要害部位，如头、颈、肩、胸、腰、胯、背等视觉中心注意要点。特别是头部以下、腰节以上的“上身”部分，被认为是最佳视域。当然，对此也不能一概而论，而必须根据不同款式服装的设计要求进行精心推敲、合理布局，最终才能诱导观众与消费者的目光，引起她(他)们的审美兴趣和情感共鸣。

4、少数量。每件或每套服装上的重点色彩部位设置不宜过多，一般只有一个，或者一个主重点加一个次重点。否则，多中心即无中心，会造成杂乱、分散的无序不良印象。当然，后现代主义杂乱无章风格的作品和产品，就另当别论了。

(5)配服饰。有时考虑到服装色彩的单纯性，可能重点色主要依靠服饰配件来担当，如耳环、项链、胸针、围巾、领巾、腰带、纽扣、拉链等，这些常作为重点突出的对象，配饰和服色合为一体的设计，更使彼此两全其美而熠熠生辉。但是，也要注意避免过度装饰，防止出现喧宾夺主、画蛇添足的不和谐负面效果。

### 四、阻隔

又称分离、隔离等。如法国、英国的国旗红、蓝色用白色阻隔，意大利国旗红、绿色用白色阻隔等。阻隔方法如下。

(1)强对比阻隔。服装配色时，将色相对比强烈的各高纯度色之间，嵌入其他色彩的线或面进行阻隔，以改善、调节过于刺目的不和谐状况，在保持色彩强度的前提下，使原配色的冲突、碰撞矛盾有所缓解，产生新的优良色彩效果。阻隔色一般采用无彩色系的黑、白、灰色及金、银色。其中黑、白为首选色，特别是黑色更具有“压火”、“镇定”的功效，能使色调显出辉煌、华丽的气质。如借鉴画家蒙特里安的“冷抽象”作品《红、黄、蓝三色构图》所设计的服装配色。其次是使用金色进行阻隔，如中国古典建筑雕梁画栋上的“彩华”图案及历代帝皇的龙凤服饰，都使用这种手法，无不给人以金碧辉煌、富丽夺目的视觉享受。但若金色应用过多，则会产生炫目低俗、富贵气十足的负面印象，因此也要使用有度、适可而止(见图 4-2-1)。

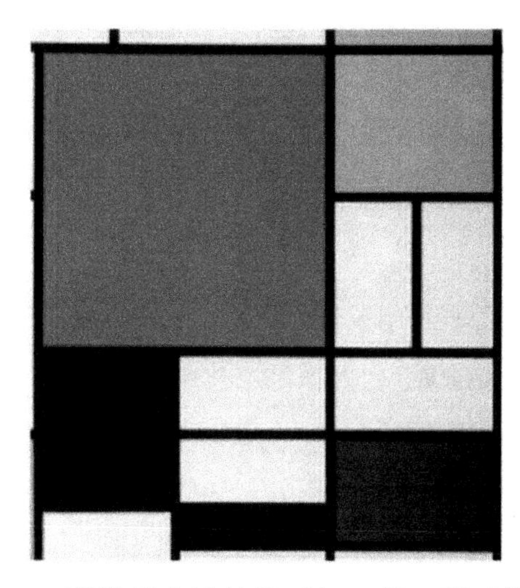

图 4-2-1 蒙特里安冷抽象《红、黄、蓝三色构图》

(2)弱对比阻隔。因服装色彩对比各方的色相、明度、纯度等要素反差过弱，会产生模糊、平板、无力的弊端。这时也可用分离色进行阻隔处理，力求色彩形态的明确、清晰，同时又保持不失原色调雅致、柔和的特点。

### 五、综合

将上述两种以上手法同时应用，如重点与呼应、重点与渐变、渐变与呼应等加以综合应用，其效果更能给人以复杂多变、精彩纷呈的艺术感受。

## 第三节 服饰色彩调整手法

### 一、统调

统调是服装色彩多样统一的范例。即在各色之间用一个共同元素去支配全体，使其“一统天下”，造成各局部的等质化状态，从而达到总体色调和谐、统一的目的。服装色彩的统调一般有如下三种。

(1)色相统调。多种服装色彩组合时，让它们同时含有一个共同的色相，使配色取得既有对比又显调和的效果。如黄绿、蓝、紫色的组合，其中有蓝色相统调。

(2)明度统调。使参加配组的所有服装色彩中，同时含有白色或黑色，以求整体色调在明度方面的类似。通常调入白色的方法应用较多。如粉红、粉绿、天蓝、浅紫、浅灰等色的组合，由白色统一成“粉彩”、“水果”色调，感觉粉嫩、轻松、透明、甜美。

(3)纯度统调。在参加组合的多种服装色彩中，同时都调入灰色，以求整体色调在纯度方面的近似。如蓝灰、紫灰、黄灰、红灰、灰等色的搭配，由灰色统一成灰调子，感觉高雅、细腻、含蓄、悦目。

但是，万事物极必反，过度的统一难免会产生淡而无味之感，因此有时也必须考虑使用少量小面积对比色彩，或用服饰配件色彩加以调节。

### 二、透叠

透叠是一种当两个形体相重叠时，能使双方都可显现轮廓、形体，同时会产生第三色的表现手法。巧妙利用服装面料色彩的透叠效果，能产生透明、凉爽、轻快、有趣的感觉，给人以若隐若现、如梦如幻的朦胧美感和联翩遐想。近几年国内、外风行一时的“透视装”就是透叠手法具体应用的范例。

透叠的前提是要采用轻薄的半透明服装面料，如薄如蝉翼的丝绸、绢、纱、绡、尼龙等织物，再与精美、细腻的印、织、绣、绘花色图案相配合进行设计，能给人以强烈的视觉冲击和心理震撼。早在我国经济繁荣、风尚开放的盛唐时代，妇女穿着透、薄、露的石榴红衣裙者已大有人在。这从唐朝画家周昉的《执扇侍女图》、《簪花仕女图》及张萱的《捣练图》等作品中都见如实描绘。

另外，采用精致、镂空的蕾丝及织物时，露出的皮肤色彩也成了配色的又一“风景”，人体与薄透的面料及镂花三结合，其服色效果真是妙不可言、美不胜收。

### 三、层次

层次是指色彩在服装上的空间、距离、立体感觉。层次分明的服装色彩，感到神清气爽，反之，可能会觉得沉闷。它们主要由色相、明度、纯度、冷暖等色彩对比手法去实现，如深、中、浅，鲜、中、灰，冷、中、暖等，对比越强，层次感越强，反之则越弱。层次有平面和立体两种。

(1)平面层次。是在服装面料的同一平面上出现的色彩前后视觉感受。这主要由面料图案设计师承担及完成。

(2)立体层次。则是由服装上下、内外衣色彩三维空间的视距差异而形成。这主要由服装设计师考虑、解决。

另外，不同质地的服装面料也会产生相应的层次感，我们也应尽量利用它们来实现整体设计的最终目标，表现出合适而又美观的色彩层次感觉。

# 第五章 女装设计与色彩流行美

## 第一节 流行色彩概述

### 一、流行色彩的概念

（一）流行色彩的概念及特征

“流行色彩”英译为：Fashion Color。Fashion 可翻译为：时髦、风行、时尚。Color 可翻译为：色彩、颜色。“Fashion Color”即时尚的色彩。“流行”，它属于一种社会和历史现象，反映了某一段时间内，人们共同的喜好。“流行色彩”是指在一定时期和地区内，产品中特别受到消费者普遍欢迎的几种或几组色彩和色调，成为风靡一时的主销色。如在 21 世纪初期，“慢生活”理念受到人们的大力提倡，与此同时，一些淡淡的粉彩色调渐渐地进入人们的视线，并被运用到生活中的各种产品中，粉彩色调的颜色成为当时的主销色彩。流行色彩的变化与社会发展、流行时尚以及消费者需求息息相关，是人们精神和物质生活不断提升的反映。

流行色彩存在于我们生活的方方面面，小到日常生活中接触的食品、服装、家具、装饰品，大到周围城市的建筑，它时刻遍布在我们的衣食住行中。“流行色彩”与受地域、文化、气候等影响的“传统色彩”，如，中国红、阿拉伯绿，与代表品牌文化和形象的“品牌色彩”，如范思哲红、阿玛尼灰，以及被大多数人长时间喜爱的“常用色彩”有所不同。流行色彩不是一成不变的，它处于不断变化中，随着时间的流动、社会动态的转变而发生变化。

1、流行色彩的时代与主题性

不同的时代，社会中的各种舆论、氛围等都会影响人们的思维观念，这些思维观念的转变会对人们的需求产生一定的影响，色彩的流行也会随着时代精神的不同而发生相应的改变。当某种色彩与时代精神相迎合，就会使某种色彩的流行成为可能。20 世纪 60 年代，随着航天技术的突飞猛进，人类开始了探索宇宙之路，人们对宇宙充满了好奇，从而促使与航天相关的白色、银色、蓝色等色彩的流行。但每一时期，随着科技、经济的发展推动着社会意识形态进步与文明，意味着人们的生活样式、所关注的社会问题也会随之改变。流行色作为一种文化现象，在不同时期人们会赋予色彩不同的象征意义或是主题，以慰藉人们的思想情感。如“潘通”色彩机构颁布的 2014 年春季主题色“耀眼的蓝色”(如图 5-1-1 所示)，色彩的主题释为；“尽管全球经济和政治的稳定仍然是不可确定，而设计师使用一个更加平衡的色调来恢复平静。我们需要平衡，世界需要稳定，但我们不只是谈论的灰色，米色和褐色的。当平静的蓝色被重新定义为一个中性的，更多的人了解它不仅仅是一个传统的颜色。有个原因是每个人清晨看到外面的天空，希望它是蓝色的。”——Pantone 色彩协会执行理事 Leatrice Eiseman。摘自 PANTONE 官网。

图 5-1-1 潘通色彩机构颁布的 2014 年春季主题色“耀眼的蓝色”

2、流行色彩的区域性

不同的国家、地区，有着各自的风俗习惯，它们的社会、政治、经济情况各有不同。如 20 世纪 80 年代，明黄色系在中国流行，而同时期的美国在流行酸绿色调，日本在流行无彩色系。如图 5-1-2，20 世纪 80 年代创立的日本品牌无印良品(MUJI)，其品牌简约、自然的理念就受到当时日本经济低迷、能源危机的影响，在色彩表现上以无彩色系为主。这一“自然、环保”的理念一直影响着无印良品的品牌文化(如图 5-1-3 所示)。由此可以看出，大部分流行色彩的流行传播受到了区域特征的影响，是在特定的区域内进行开展的。21 世纪，随着全球科技、互联网的发展，各国间的交流频繁，各国的设计师、生产商共同参加有关流行色彩方面的展会，同一时间接收时尚资讯，获得相同流行色彩方面的预测信息。因而，流行色彩的区域性特征逐渐弱化，在同一时期，全球各地流行的色彩越来越接近，趋于一致。但这种一致并不是完全相同的，流行色彩的区域性特征还是存在的，受每个地区的区域性特征的影响，有时流行色彩会稍微有一些不同，但色彩的大体流行方向是保持一致的。

3、流行色彩的季节性

一年分为春、夏、秋、冬四个季节，春夏季节气温相对高一点，万物复苏，花草树木生长茂盛，到处五彩缤纷，生机勃勃。秋冬季节气温相对低，花草树木凋零。从潘通发布的 2012～2014 春夏季和秋冬季流行色彩来看，春夏季色彩的整体色调表现为明度相对高，秋冬季色彩的整体色调表现为明度相对暗一些(见图 5-1-2、图 5-1-3)。由此可以看出，春夏季的流行色彩以浅色调、明艳色彩为主，秋冬季则以深色调、柔和的色彩为主。

图 5-1-2　2012～2014PANTONE 发布秋冬流行色彩

图 5-1-3　2012～2014PANTONE 发布春夏流行色彩

4、流行色彩的时效周期性

在某一段时间内，人们总是看某种色彩，会让人产生厌恶的感觉，这时候需要一些其他的色彩来改变这种单调乏味的感觉，这是人类色彩知觉的规律。正是这种规律，促使了流行色彩具有时效和周期性的特性。

5、流行色彩的连锁与点缀性

流行色彩并非是在某一领域中流行的，它涉及生活中的各个领域，并同一时间出现。通常情况下，流行色彩最先从时装中流行，从而很快的影响到家居、汽车及消费品等行业。如 2014 年流行的兰花紫色，该色彩最初是从服装中流行开来，随后在服装配饰、家具装饰、生活用品上都被广泛地运用。

流行色彩在市场中的地位虽然越来越重要，但其在产品中所占比例还是较常用色彩小很多。产品中常用色彩才是市场中的主导色彩，流行色彩更多的情况下只是起到辅助和点缀的作用。

（二）流行色彩的发展与应用

流行色彩作为一段时期内群众审美的集中反应，体现了人们的一种相同的精神和物质需求，它在我们日常生活中是必不可少的。准确的选择和运用流行色彩，会被消费者迅速接受，从而为企业创造经济效益。因而，流行色彩成为现代企业竞争的一个重要手段，人们越来越注重对流行色彩的研究。

流行色彩最初是由美国的经营、生产者在1915年提出的，自20世纪30年代之后，被英国、法国、日本等国家先后重视。20世纪60年代，各国间为了能加强在流行色彩方面的交流与合作，由瑞士、日本、法国等国家共同成立了国际流行色协会。它的成立很好的扩大了流行色彩发布的范围，促进各国间流行色彩信息的交流。此后，世界上越来越多的国家加入该组织中，我国也于1983年加入该组织。

当今，流行色彩的应用领域也越来越广泛。目前，很多企业已经意识到，想要通过流行色彩获得更多的利益，首先需要对流行色彩进行准确的预测，准确地抓住当下色彩的流行动向，对流行色彩进行预测和研究；其次，企业在准确的预测出当下流行色彩的同时，还需要对流行色彩进行合理的运用。企业只有做到这两点，才能使流行色彩在产品中发挥最大的价值，从而使企业在市场上获得更大的竞争力。

**二、流行色彩的起因**

色彩的流行体现了社会的发展、人们精神上的需求与渴望，它受到一个时期内经济、科技、文化和消费情况的影响。

（一）流行色彩与经济因素

流行色彩的产生是以经济作为基础的。在流行色彩的产生与发展过程中，社会的经济状况对流行色彩的产生起到了支撑性的作用。按照马斯洛的需求层次理论，在经济发展缓慢的时期，人们生活水平低下，首先需要满足的是自己的生理需求，保证自身吃饱穿暖，产品的色彩不会受到人们的关注。只有当经济繁荣的时候，随着现代化进程的加速发展，世界经济高速发展，人们的生活水平不断的提升，人们便开始关注产品的外观。而色彩作为产品外观最直接的表现，人们对色彩的要求不断的变化，导致色彩在不同时期内的变换流行。经济可以带动流行色彩的发展，同样流行色彩也会促进社会经济的发展。在现代社会，流行色就如同生产力，生产者和经销者可以通过流行色彩来满足消费者需求，刺激消费，增加产品的附加值，从而使得企业获得更高昂的利润。

（二）流行色彩与科技因素

流行色彩与科技的关系，一是体现在人们借助科学技术对色彩认识上的扩展或提高。如20世纪60年代宇宙飞船进入太空，太空色彩引起了人们的关注。尤其近年来随着光学技术的发展，人类不仅借助科技产品发现宇宙天体的物质与色彩，同样利用光学显微镜探测我们难以发现的物质与色彩。随着科学技术的进步，人们的视野不断扩展，为我们认知物质与色彩提供了技术条件。一些新的“领域与色彩”进入人们的视线，会引起人们极大的兴趣，从而导致色彩的流行。二是伴随科学技术的进步与发展，色彩的想象与物质载体的表现技术日趋成熟，尤其是进入21世纪信息与数码技术的发展，印染、喷绘等印刷工艺借助计算机技术使色彩的“再现”和“还原”能力达到了空前的水平。总之，新技术、新工艺为我们产品设计和色彩的应用与表达提供了科技支撑。

（三）流行色彩与消费因素

消费者对色彩的需求构成了服装色彩流行的内在动力，它作为时尚文化现象具有商品属性。因此，流行色在商品中的应用在一定时期内是撬动消费者购买动机的主要策略。只有正确把握和理解色彩对于消费心理产生的作用，才能体现流行色在商品中的意义。

1、求新求变的消费心理

生活只有不断地变化，才能给人们带来新的感官刺激，人们才不会感到乏味无趣，这是人类自身所具有的求新求变心理。在视觉方面，人们的视觉神经如果总是接收一种或几种色彩，会产生视疲劳，这时就需要一些其他的色彩给视觉带来新的刺激，以寻求平衡。在消费方面的表现为对产品的喜新厌旧。为了满足消费者的求新求变心理，产品的色彩需要不断进行变换，使其与消费者的需求相契合，给消费者带来新的视觉刺激。

2、从众和求异的消费心理

人们在消费的时候，主要存在两种心理。一种是从众心理，即模仿。人类自身都有一种模仿的天性。当消费者羡慕、认可他人的消费行为时，就会对其行为进行模仿。这种模仿的行为，促使了色彩的大范围流行。另一种是求异心理。拥有这种消费心理的大多是年轻人，他们对新事物接受快，追求新鲜、奇特。因而，他们在色彩的选择上更加的个性化，他们的行为可以带动色彩流行，是流行的先驱者。正是他们的这种求异心理，使得新的色彩流行趋势形成。

**三、流行色彩与服装色彩**

（一）服装流行色彩的产生及预测

服装流行色是依靠综合性信息学科，在市场调研的基础上，并根据色彩在市场上的流动方向及有关流行色专家的预测和灵感所产生的。流行色彩的预测方法，最初是从一些工业发达的西方国家开始的，经过几十年的发展，已经基本形成了一套较为完整的预测和检验的体系。

对服装流行色彩的预测期通常分为：远期流行色彩预测、中期流行色彩预测和短期流行色彩预测。远期流行色彩的预测主要是指提前市场一年半至两年发布的流行色彩预测信息，发布的机构为国际流行色协会及各个国家的色彩协会；中期流行色彩的预测，指提前市场一年至一年半发布的流行色彩预测信息。发布的机构为原材料的生产商，与纺织服装相关的国际棉花协会、法国PV展、国际羊毛局等。短期流行色彩的预测，是指提前市场半年至一年发布的流行色彩信息。信息主要是由制造商发布，在服装方面的表现为各种时装发布会。

（二）服装流行色彩的发布形式及机构

流行色是提升产品商业价值的有效元素，也是人们物质生活中的“精神”所需。英国色彩协会是较早出现的对色彩预测和研究的机构，在20世纪四五十年代拥有较大的影响力，许多企业将其发布的色彩作为预测产品色彩变动的依据。除此之外，还有美国色彩研究所、法国色彩协会、德国流行色研究机构等。

真正具有世界影响力的流行色预测机构是在1963年成立的“国际流行色协会”，是由法、瑞、日三国发起成立的，是目前世界上流行色研究和发布的权威机构。中国流行色协会是 1983 年 2 月加入该组织的。该组织每年召开两次会议，分别是 2 月和 7 月，每个成员国派两名代表参加，一起商讨预测，发布 18 个月后的春夏、秋冬国际流行色。其程序为：各个成员国的代表分别介绍各自国家的流行色提案，国际流行色协会成员对各国提案进行讨论，将各国提出的色彩进行分组、排序，由有关专家对各个方案进行整合，排出大家一致同意的色谱。最后，组委会主席对讨论出的下一季流行色色谱进行总结描述。会议结束后，讨论出来的下一季流行色概念也会最先在紧接着举办的巴黎国际纱线博览会上得以体现。

目前，服装领域的流行色彩的预测机构主要有：美国的 There&Here, CADS；法国的 Interfriliere, Carlin, Peclers；英国的工 CA, The Mix, WGSN；日本流行色协会等。这些机构会根据服装的不同类型进行服装色彩的预测。如英国的工以(国家色彩权威)，每次发布的流行色彩分为男装、女装、童装、内衣、婴儿装、运动装、皮装，对不同类别的服装色彩趋势进行预测。

## 第二节 女装设计中的流行色彩元素分析

### 一、服装与流行色彩的表现

服装色彩作为服装设计中的三大要素之一，横向上其受社会因素的影响如宗教信仰、生存环境、生活方式等；纵向上则受文化因素的影响如文化教育、艺术思潮、审美意识等都会对服装色彩的应用与流行色的表现产生影响。本节主要对服装与流行色彩的关联因素进行分析。

（一）影响服装流行色彩的因素分析

服装流行色彩的变化受到多种因素的影响，除了自然环境外，大致可分为社会因素和文化因素。

1、社会因素

（1）政治对服装流行色彩的影响

不同的政治时期对流行色彩的影响不同。在政治稳定时期，服装流行色彩的色调相对温馨、浪漫、优雅。如在 21 世纪初，苏联解体后 12 年，俄罗斯政治稳定，摆脱了政治动荡后，浅黄、粉蓝、粉绿等温馨、浪漫的淡粉色系受到人们的青睐；在政治活跃时期，服装流行色彩多趋向于鲜艳的色调。如我国在改革开放后，明快、鲜亮的色彩成为流行趋势；在政治的禁锢时期，服装流行色彩趋向于简单、沉稳。如我国建国初期时期，受当时政治风潮的影响，绿军装成为当时最时尚的服装，整个社会呈现出一片绿色的海洋。为当时最时髦的装扮，草绿色军装与蓝“类军装”斜挎背包搭配一双草绿色解放鞋。在当时，绿色军装还作为结婚的礼服，受到人们的热情追捧。

（2）经济对服装流行色彩的影响

经济发展的状态不同，对服装流行色彩的影响不同。在经济发展时期，服装流行色彩多样化，色彩鲜明、活泼。如 1950 至 1960 这十年，日本经济进入快速发展时期，与此同时，红、黄、蓝等高纯度色彩流行开来；在经济平稳时期，社会发展平稳，人们开始关注自然色系。如进入21世纪，全球经济平稳，代表自然的米色、棕色等成为服装色彩流行；在经济萧条时期，暗色调及鲜艳色调的色彩会依次流行。通常在经济刚开始萧条的时候，人们心情低落，暗色调的颜色多流行。但随着经济萧条的形势如日中天时，为人们重拾信心的鲜艳色调的色彩便开始流行。

（3）社会思潮对服装流行色彩的影响

具有影响力的社会思潮对流行色彩的变化产生着重要的影响。如20世纪60年代，男装受到美国迪希特博士倡导的男装改革运动思潮的影响，这场运动被时装界称为“孔雀革命”。该革命倡导男装多样化和色彩化，讲求男装色彩艳丽、款式独特新颖。2014秋冬伦敦时装周上，Richard Nicoll和Jonathan Saunders秀场上的服装回归到70年代，在色彩上受70年代“孔雀革命”思潮的影响，男装色彩鲜艳、醒目。

21世纪受到“环保思潮”的影响，2004/05秋冬、2006/07春夏、2014/15秋冬等多个年份发布的流行色趋势都受到该思潮的影响。2004/05秋冬中国流行色协会发布的流行色主题：人与自然，选用了大量草木的颜色(见图5-2-1)；2006/07春夏服装面料流行色主题：舒适的休息日，选用大自然中柔和的色调，强调追求朴素简单，突显和谐的氛围(见图5-2-2)；2014/15秋冬季流行色主题：氧化，色彩来自于传统物品和动物色彩，强调返璞归真(见图5-2-3)。

第一主题　本质——人与自然

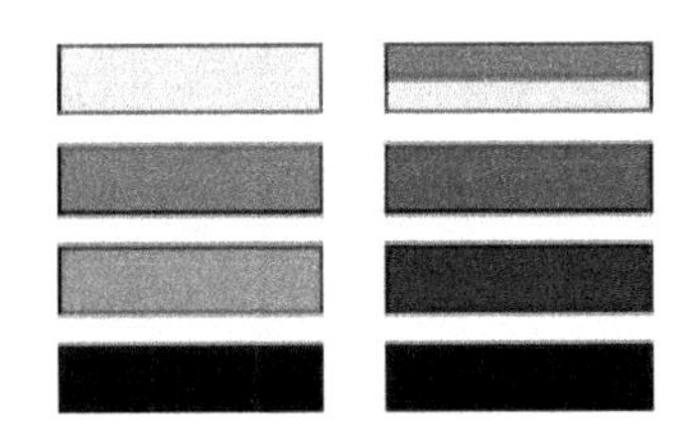

干草和树木的颜色，简单而真实地存在着。

图5-2-1　中国流行色协会发布2004/2005秋冬色主题：人与自然

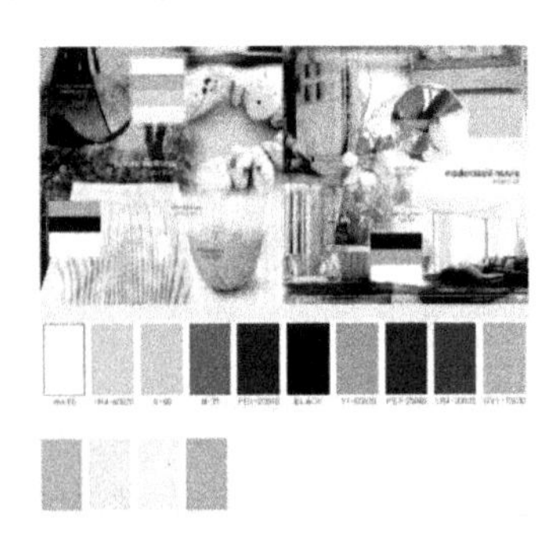

图5-2-2　2006/2007春夏服装面料流行色主题：舒适的休息日

图 5-2-3 2014/2015 秋冬服装流行色主题：氧化

2、文化因素

文化因素对流行色的影响具有“机械性”连带反应特点。

（1）时尚潮流对服装流行色彩的影响

时尚潮流对服装流行色彩具有推动作用，流行色彩受到时尚潮流的影响。许多时尚潮流资讯通过电视、网络以及杂志等多种渠道向大众传播。在电视传播方面，如《时尚装苑》、《流行前沿》等时尚栏目。杂志传播方面，具有权威性的杂志如《时尚芭莎》、《世界时装之苑》、《瑞丽》等。网站传播方面，VOGUE，ELLE，WGSN 等。这些潮流信息的发布，有利于大众更好地了解流行信息，把握色彩的流行趋势。

（2）艺术作品对服装流行色彩的影响

在艺术领域中，美术和影视作品对于服装流行色彩的影响最大。许多流行色彩的灵感来源艺术作品中。绘画方面，如 2011 年法国流行色协会提交的流行色第七组主题为“艺术历史”的色彩系列源自达・芬奇的著名油画《蒙娜丽莎》；而在 2008 年巴黎时装周设计师约翰・加利亚诺的设计作品从服装的色彩到式样，其设计灵感均来自“分离派”画家古斯塔夫・克利姆特(GustavKlimt)的绘画作品。影视作品方面，如 2009 年底热映的《阿凡达》，引起了 2010 春夏阿凡达蓝色的流行，Giorgio Armani，Alexander McQueen 等品牌纷纷在服装中运用阿凡达蓝色。

（3）传统文化对服装流行色彩的影响

各个地区有着自己不同的文化，这些传统的文化常常被人们怀念和复兴。传统文化中的色彩对于服装流行色彩具有一定的影响。如 2012 年秋冬，受到近些年“中国风”兴盛的影响，各大品牌纷纷选用代表喜庆的中国红，据有关资料统计，有 14 个品牌在 2012 秋冬秀场上运用该色彩，刮起了一阵红色潮流。

（二）探索服装流行色彩的变化规律

根据心理专家所研究的人类心理变化规律，人的心理对于事物具有满足—不满足—满足的过程，这种循环往复的心理对于流行色彩的变化具有一定的影响。美国色彩专家海巴・比伦将流行色彩的变化周期分为：始发期、上升期、高潮期、消退期四个阶段。服装流行色的始发期一般为服装流行色机构、各种服装面料、纱线展会等对服装色彩的流行趋势发布；服装流行色彩的上升期主要通过一些社会名流、高级服装品牌等服装界的时尚引领者；服装流行色彩的高潮期，表现为具有流行色彩的服装已被大众所接收和广泛购买；服装流行色彩的消退期，大众已不再竞相购买某一流行色彩的服装，某一流行色彩走向衰退，新的流行色彩即将出现，新一轮的色彩流行周期即将开始。由于各民族区域间的经济情况、社会消费情况、审美情况等有所差异，导致不同地区间流行周期的变化长短略有不同。一般情况下，经济发达的国家相对于发展中国家相比，服装流行色彩的变化周期快。对于经济落后、贫困的国家，服装流行色彩几乎没有变化。

1、服装流行色彩的色相变化规律

流行色彩在色相方面，通常是冷色和暖色间相互变化，其变换是顺向的、渐变的，但也可能是逆向、跳跃的。

从图 5-2-4 中我们可以看出，2000～2014 这 15 年间，是冷暖色交替出现的，除了 2001 年和 2002 年、2011 年外，其余年份的流行色彩均冷暖交替变换。流行色在色相方面基本上连续两年流行暖色。

2、服装流行色彩的色调变化规律

人类在视觉上不能长期的处于光线很暗的环境中，也不能长期处于强光之下，这会使我们的视觉器官感到疲劳。根据人类视觉生理上的特点，服装流行色彩在色调上的变化趋势为高低中明度和纯度的依次转变，见图 5-2-5。

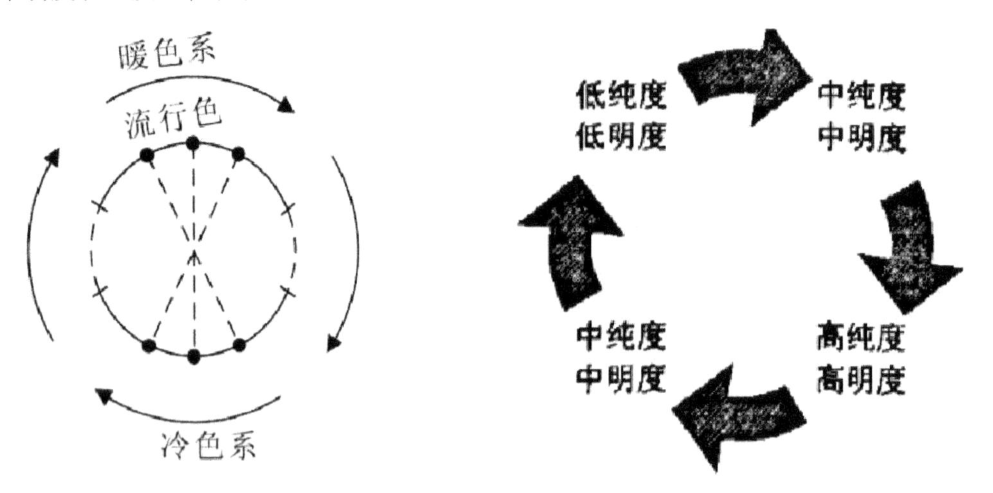


图 5-2-4　流行色彩色相变化规律　　图 5-2-5　流行色彩色调变化

从图 5-2-6 中，我们也可以看出，2000～2014 这 15 年间，流行色彩在色调变化上，出现了浅色调—深色的—浅色调的变化循环。

图 5-2-6 2000 年～2014 年“潘通”公司发布的年度流行色彩

（三）体现服装流行色彩的应用价值

（1）从企业角度来看，流行色彩可以增强服装的竞争力，为企业带来更大的利润，获得更高的经济效益。

（2）从消费者的角度来看，随着世界经济的发展，人们生活水平的提高，人们对服装的要求也越来越高，在满足生理上的要求外，还要具有美感。色彩的变化可以给人们带来视觉上的刺激，使人们的审美标准不断创新，源源不断地给人类生活带来新鲜感。

（3）从服装设计师的角度来看，流行色彩可以使服装更具潮流性，增强服装的时尚效果。服装设计师在进行设计时，如果闭门造车，完全根据自己的想法去设计服装，这样的服装很难得到大众的喜爱。一件好的服装作品，是需要从消费者的角度出发，满足他们的需求。为了迎合消费者的需求，设计师在进行设计时，需要时刻的关注时尚潮流动态，将流行元素融入自己设计的服装中，满足消费者的需求，设计“适销对路”的服装。流行色彩作为时尚潮流元素之一，能很好地表现服装的时尚性。因此，设计师在进行服装设计的时候，要对流行色彩进行分析研究，把握和接受流行趋势和规律，更有助于在服装设计方面取得成功。

**二、女装与流行色彩的关联性**

（一）女装品类与流行色彩

女装中服装品类大致可以分为休闲类、运动类、正装类、礼服类四大类。

1、休闲类服装

休闲类服装是人们日常生活中穿着最多的，在服装市场中占较大比例。这类服装对于流行信息反映快速、敏锐，最前沿的流行元素通常最先从这类服装中体现。休闲类服装对色彩的选用数量多，从休闲服装的卖场中，我们几乎可以找到色谱中所有的色相。如 Uniqlo，Gap 卖场，各种色彩的 T 恤、裤子都可以找到。在流行色彩运用方面，这类服装主要是通过调整色彩的色调和纯度来追随潮流。如 2014 年春夏，国际上流行粉嫩色系，以 Uniqlo 和 Gap 品牌为代表的休闲服装在色彩设计上都将色彩的纯度降低，与国际上流行的粉嫩色调相接轨。

2、运动类服装

这类服装通常展现人们的动感、健康、乐观的形象。运动装大致可分为体育运动竞赛类和户外运动类。体育运动竞赛类服装色彩的设计多从安全性和运动文化以及国家象征色方面考虑，对流行色彩的运用较少。户外运动类服装，兼具着运动和时尚的功能，因而在色彩设计上不仅要考虑到运动的安全实用性又要追随时尚。从2014春夏运动装色彩流行趋势来看，各类户外运动装在运用流行色彩时，从户外运动安全性考虑，都选用明度或纯度高的流行色彩作为服装的主色，使服装整体色彩醒目，将低明度和低纯度的流行色彩作为点缀。

3、正装类服装

正装类服装通常在参加会议或日常工作时穿着。由于这类服装受穿着场合的限制，色彩表现上不易夸张。从这些正装的色彩运用上可以看出，正装服饰色彩的明度都相对低，多选用庄重、沉稳的颜色，色彩艳丽的流行色彩运用较少。

4、礼服类服装

礼服类服装多穿着于正式的场合，主要分为参加传统重大活动时穿着的礼服和出席娱乐、时尚性活动穿着的礼服。参加各民族举行盛大节日时穿着的礼服，一般都具有民族特色，在色彩运用上多选用民族传统色彩，很少运用流行色彩。出席娱乐、时尚性活动的场合的礼服，对于流行色彩的运用较多，通常会根据当季的流行色彩趋势来作为礼服的色彩。从2015春夏各女装品牌的礼服设计来看，流行色彩通常以单色运用为主，或将流行色彩作为点缀色运用。

（二）女装风格与流行色彩

色彩对服装风格起到一定的强化作用，通过色彩的表现可以使服装风格更加突出或更具时代性。不同的服装风格，虽然是时代特色的反映，但也应在传承其特点的基础上顺应时代的潮流，根据其各自特点选择相应的流行色彩。

1、经典风格女装与流行色彩

经典风格女装，它几乎不受流行趋势的影响，具有固定的样式，款式的变化不大，其服装式样不会随时间的变化而过时。这种风格的服装，虽然变化性很小，但并不是完全摆脱时尚潮流。尤其是进入21世纪，人们的审美需求大大提高，为了满足人们的时尚需求，经典风格的服装也加入了一些时尚元素。在流行色彩的运用方面，通常将流行色彩作为服装的调味品，使服装在保持原有经典风格下又具有时尚感。Chanel经典套装，每季发布会都会在原有黑白色经典搭配的基础上，选用几套运用流行色彩，满足时尚人士对流行潮流的追求。如Chanel2015秋冬高级发布会服装，卡尔·拉格菲尔德在经典套装上选用暗红色和深蓝色系，2015春夏高级定制发布会上选用低明度的紫色系，将流行色彩与经典款式相搭配。从卡尔·拉格菲尔德对流行色彩的运用可以得出，经典风格女装对流行色彩的运用规律为：首先，流行色的运用比例要小。其次，选用的流行色彩色调相对暗淡或含蓄。

2、浪漫风格女装与流行色彩

浪漫风格女装的主要特点是高贵、华丽，做工精良。以荷叶边、蝴蝶结、褶皱、喇叭袖、羊腿袖、珠饰等设计为代表，多体现女性的高雅与轻柔。范思哲(Versace)的服装一贯走浪漫路线，从Versace近几年发布会浪漫风格女装的色彩来看，对流行色彩的选用多运用明度高、纯度低的柔和色彩，体现女性的轻柔、飘逸。在流行色彩运用方面以单色为主，或以一两种色彩作为点缀，色彩搭配多选用类似色。

3、时尚风格女装与流行色彩

时尚风格女装，通常根据时尚潮流的变动作为设计路线。这类风格的服装紧跟流行，在款式、色彩上引领时尚潮流。如Zara, H&M作为当下快时尚品牌的代表，色彩紧跟时尚潮流，流行色彩的运用比例大，且多运用明度高、纯度高的色彩。时尚风格服装面对的消费者多为年轻人，他们对流行的反应快，对色彩的接受力强，是时尚的引领者。因此，时尚风格女装在选用流行色彩时，设计师要敏锐地捕捉流行时尚资讯，挖掘即将成为流行的色彩。

4、个性风格女装与流行色彩

个性风格女装，源于人们力求表现自我，打破传统的思想。设计上突破传统，标新立异，个性鲜明。这类风格的服装通常在设计上凭借设计师天马行空的想象去进行设计，对色彩有自己独特的见解。Prada在色彩的运用上一直以创新和叛逆的艳丽色彩著称，对于流行色彩的运用也独具个性。如2014 Prada春夏发布会上，将流行色红、黄、橙、蓝与其他色彩以不规则的形式拼接组合，独具特色。日本品牌山本耀司为了与时尚接轨，在服装中开始运用流行色彩，将流行色彩与品牌传统色彩黑、白色相搭配进行设计。如山本耀司2013春夏发布会上，将流行色橙色、蓝色作为品牌常用色彩黑、白色的点缀，使服装在保持独特个性下又充满时尚感。根据分析得出，个性女装在流行色彩运用上，很少有规律可循，无不体现着奇特与夸张。在流行色彩的选用方面，多具有超前性，一些即将流行的色彩常常会被他们挖掘并运用到服装上进行试验。

## 三、女装与流行色彩应用分析

（一）地域特征与流行色彩

不同的地域，其宗教信仰、地理气候、文化习俗、经济发展和开放程度有所不同，导致了不同地域的人们对于色彩有着不同的审美观念，这对流行色在不同区域内的流行产生了一定的影响。

1、不同地域宗教信仰与流行色彩的选用

不同地域的宗教信仰各有不同。宗教可以对人们的行为、思想产生一定的束缚，它使得信徒对其无条件的信任与服从，在色彩方面也有着各自不同的色彩信仰。因此，当一种流行色彩在某一宗教信仰色彩浓厚的地域传入时，如果这种流行色彩与当地的宗教信仰色彩相同或相似时，就会使这一流行色彩在该地域广泛的流传开来。反之，某一流行色彩与当地宗教信仰色彩相违背，是信徒们极其厌恶的色彩，则会阻碍这一流行色彩在本区域内的流行。设计师在应用流行色彩时，要避免选用当地宗教禁忌的色彩。

2、不同地域气候环境与流行色彩选用

世界各国的地理气候各有不同，对色彩的偏好也有所不同。大致可分为气候炎热地域的人们偏爱浅色调的颜色，气候寒冷地域的人们偏爱暖色调的颜色。例如，绿色流行时，在气候温暖的地方，应选用浅绿色，在气候寒冷的地方选用深绿色。

3、不同地域历史文化和风俗习惯与流行色彩选用

每个地域有着自己的历史文化，形成自己独特的风俗习惯。随着现代化进程的加快，许多地区的传统习俗已经开始渐渐消亡，但某些固有的传统习俗潜移默化的还在对人们的生活产生一定的影响。这些不同的历史文化、风俗习惯对人们的思想行为都会产生一定的影响，因而在选用流行色彩时要考虑当地的文化和风俗习惯。

4、不同地域经济水平和居民开放程度与流行色彩的选用

地域间经济水平、开放程度越高的地区对于流行信息的接收量就越多。以经济发展水平、开放程度高的城市与发展相对落后的农村相比，城市居民对于外界的交流相对广泛，获得流行资讯的信息较多，对于流行色彩的敏感度高，紧跟世界色彩流行潮流。而农村地区，经济较落后，人们受传统思想的影响较大，开放程度低，一方面，对于流行信息不敏感，对流行色彩的反应不强烈，另一方面，着装上受到传统色彩观念影响较大，导致流行色彩在这些区域内的流行发生转变和偏移。因而，一些刚开始流行的颜色，可以多放到对流行信息敏感的城市，待这些地区流行一段时间，被大众慢慢接受的时候，可在一些对流行反应较慢的农村或偏远地区进行推广。

同样一款具有流行色彩的服装，由于地域特征的原因，如在东方和西方、在我国北方和南方，在相邻的两个城市之间，人们对它的接受程度都会有所不同。这是因为不同区域间的宗教信仰、地理气候、文化习俗、经济发展和开放程度有所不同导致的。同样的流行色彩，在不同的地域其纯度和明度会产生一些变化，甚至在色相上也会有所偏移。有些流行色还会因与某一地域的信仰相违背，导致其无法在这一区域内流行。因此，作为服装设计人员，在对流行色进行运用之前，要了解和研究不同地域的特征，了解不同地域消费者的喜好情况，有针对性的选择地运用流行色彩，将流行色彩与本地区居民的审美相契合，只有这样才能广泛的被某一地域的人们所接受。

（二）目标市场与流行色彩

服装拥有着庞大的消费群体，它们各自的消费能力和消费水平有所不同。对于服装企业来说，要有针对性地选择某一类消费群体作为自己的目标市场，满足该目标市场中消费者的需求和喜好，就可以使得服装企业在市场竞争中得以生存。因此，选择目标市场，是服装设计人员进行设计的第一步。在服装设计的过程中，首先要确定目标市场，根据选择的目标市场进行分析，了解目标市场中消费者的需求与喜好，根据分析研究得出的结论，再根据服装设计的三要素进行针对性的设计，使其得到消费者的认可，从而实现服装设计的价值。

色彩作为服装设计的三要素之一，在色彩设计方面，同样要首先分析目标市场，不同的

目标市场，其消费群体具有各自的需求，对于流行的反应也各有不同，因而在流行色彩的运用上表现出较大的差异性。服装设计师确定目标市场后，应对目标消费群体从年龄、处于的社会阶层等方面进行分析，根据他们各自的特点有选择地运用流行色彩。

1、不同年龄女性消费群体与流行色彩的选用

根据有关的调查显示，人类处于不同的年龄阶层对于色彩的喜好有所不同，从而也导致了不同年龄阶层的人们对于流行色彩的接受状况有所不同。

消费人群为1～4岁，这个群体对于色彩没有选择和辨别喜好的能力，在服装色彩的选择上由父母为其挑选。为这个群体进行流行色彩设计时，应多从生理角度考虑，鲜亮的色彩对于婴幼儿的视觉会造成刺激，应多选用柔和的浅色调色彩，或降低流行色彩的纯度。

消费人群为4～16岁，这个群体在智力、视觉和身体方面处于迅速生长时期，五彩缤纷的鲜艳色彩可以满足他们的心理和生理需求。为这个群体选用流行色彩时要挑选色彩饱和度高的色彩，或提升流行色彩的纯度和明度。

消费人群在16～36岁，这个群体对时尚潮流反映最为灵敏，是接受流行色彩的主力军。为这个群体选用流行色彩时应大胆，服装中可以加大流行色运用比例。

消费人群在36～56岁，这个群体对于流行潮流的接受程度仅次于16～36岁的人群，这个年龄段的人们相对更为低调、成熟、内敛。为这个群体选用流行色彩时要注意选择低明度的优雅色彩，或降低流行色彩的明度。

消费人群在56岁以上，这个群体对于流行色彩的敏感度较低，更讲求实用性。为这个群体选择流行色彩的时候，要注意选择低明度的流行色彩，运用的比例要小，通常流行色彩作为点缀色使用，如果大面积运用时，应选用沉稳的流行色彩。

2、不同社会阶层女性群体与流行色彩的选用

不同社会阶层的女性，由于她们的工作、社会地位、消费能力等方面有所不同，因而在色彩的需求方面也表现出不同。

处于社会顶层的消费群体，这类人群通常拥有很高的地位，很强的实力。她们为了突显自己的高贵地位，偏向于奢华和庄重的色彩，如暗色调的颜色、华贵的颜色，对于潮流不盲目跟从。

处于社会中层的消费群体，这类人群占整个社会人群的大部分。她们对于色彩的喜好既不像顶层群体的奢华、庄重，又不像底层群体的实用、简单。她们对于色彩的喜好更为丰富，追随潮流，她们是追随时尚的主力军，流行色彩多用于这个消费群体的服装中。

而处在社会底层的消费群体，这类人群由于收入的限制，经济上不富裕，其消费主要是满足生理上的需要，在色彩喜好方面，喜欢选用简单的、经久不衰的色彩，时尚、流行的东西对她们没有吸引力。

（三）营销策略与流行色彩

在服装营销中，消费者作为服装的购买者，他们的想法与需求成为服装企业营销的主导

思想。随着社会的进步与发展，人们对于色彩的需求也在不断变化，符合时代流行的色彩受到了广大消费者的追捧和喜爱。流行色彩作为最具吸引消费者的卖点之一，在服装市场营销方面，越来越受到服装企业的重视，企图通过运用流行色彩来提高服装的销量。

要想流行色彩在女装营销中发挥重要作用，提高服装的销售量，企业要时刻关注流行色彩的变化，根据其变化情况来及时地调整服装在色彩方面的营销策略。

一方面，服装企业要在服装设计之初就要重视流行色彩。首先，服装设计师要从各种渠道收集有关流行色彩方面的信息，关注其发展动态，对流行色彩进行准确把握和预测，在服装色彩设计方面注重流行色彩的运用。其次，在企业内部建立网络系统，通过内部网络可以及时的了解各个地区服装色彩的销售统计情况。对销售的数据进行分析，总结不同地区的受欢迎色彩和不太受欢迎的色彩，再结合国际流行色彩趋势，找出受欢迎的色彩与流行色彩之间的差别，根据两者间的差别调整受欢迎色彩的色调，尽量保证受欢迎的色彩与流行色彩相接近。这样既可以保留住各地区中受欢迎色彩，使其继续为企业带来高销量，又可以使得企业紧跟时尚潮流，与时俱进。

另一方面，橱窗和店面陈列以及海报要注重流行色彩的表现。店面的陈列和橱窗的设计要围绕流行色彩进行开展，通过对流行色调的集中展现来吸引消费者的目光。每一季的海报色彩要以流行色彩为主打，引导消费者对流行色彩的需求。在服装陈列方面，流行色彩的运用面积要考虑到品牌的定位，根据不同的品牌定位合理的运用流行色彩。

总而言之，服装流行色彩的营销是在掌握流行色彩信息的基础上，对流行色彩的发展趋势进行分析和运用，根据色彩的走势来设计企业中服装的色彩营销方案，建立一体化的流行色彩营销战略，从而满足消费者对于服装色彩的需要，增加服装企业的销售量。

## 第三节 色彩流行美在女装设计中的运用方法

### 一、流行色彩运用与女装设计的基本原则

#### （一）流行色彩主题与服装定位

色彩机构对流行色彩趋势的发布通常是以主题形式来展现的，每季流行色彩趋势通常为3～4个主题，每个主题趋势下具有一组色彩，这些色彩在色相和色调上与主题保持一致性。服装品牌在选用流行色彩时，应根据服装的定位选择较为接近的主题色谱，并从选定的主题色谱中根据服装所面对的地区、市场、季节等因素，挑选其中适合的色相和色调作为当季该品牌的流行色彩，使服装既保持了原有的定位，又具有时尚性。

如被称为“针织艺术品”的意大利时装品牌Missoni，将良好的针织技术与色彩艺术相融合，作品极具艺术性。2014秋冬发布会，同样的将极具艺术性的几何图案运用到服装中。流行色彩的选择，从2014秋冬流行色彩主题中选择了与之定位接近的“艺术与科学”主题，并从该主题色谱中选用了纯度较高、明度较低的红、黄、蓝色作为流行色彩进行点缀。

Valention其服装定位为奢华、精细、体现女性的美艳灼人，2014秋冬发布会上，Valention在选用流行色彩方面，根据其服装定位，选择2014秋冬色彩流行主题中与其设

计理念相接近的“手工艺与制作”主题色谱，从中挑选了明度较低的绿色和玫红色作为该季的流行色彩。

（二）流行色彩开发与服装商品企划

服装商品企划主要是指依据目标市场对服装主题、服装系列、服饰周边产品的企划。流行色彩作为服装设计中的重要元素之一，始终贯穿于服装商品企划的各个部分中。设计师在进行服装商品企划时，应合理的开发和应用流行色彩。

通常服装品牌在进行商品企划时，首先要根据品牌的定位来选择合适的服装主题。服装色彩的选择要与服装主题内容相契合，同样，流行色彩的选择也应符合服装主题。服装主题下色彩的选择主要是通过对主题内容图片色彩的提炼，如图 5-3-1。在选用主题色彩应用时，根据服装风格定位及周边产品的式样造型统筹规划设计。

图 5-3-1 2012 年流行色彩主题之一“火之声”

在确定选用的色彩主题时应考虑服装主题设计风格，按服装与服饰进行系列分类设计。针对不同系列的特点，恰当地选用流行色彩。通常服装品牌将服装分为三大系列：核心产品系列、流行产品系列和基础产品系列。

核心产品系列，是当季重点的销售对象。这系列的服装在色彩上以品牌色为主，流行色彩应选择与上季流行色卡中具有延续性的色彩，或对上季度销售好的色彩，根据流行色彩趋势的变动对其在色调上进行调整，使色彩在延续原有色相的基础上还具有流行性。

流行产品系列，这系列的服装款式相对新颖，体现品牌服装的潮流性。流行色彩的选择多以流行色卡上即将流行的尖峰色或正在流行的核心色彩为主。

基础产品系列，这系列的服装款式变化不大，一般是一些基础款式，如 T 恤、衬衫等。这些服装的色彩通常以常用色为主，流行色彩的选择多以流行色卡中流行时间长，不会转瞬即逝的基础色彩为主，并根据每季流行色调的变化做出适当的调整。

在服装商品企划中，除了对服装本身进行企划外，与服装相关的周边产品也应加以重视。服装周边产品包括围巾、包、鞋子、饰品、帽子等。这些周边产品可以更好地表现和凸显着装的整体效果。因而，应注重服装与其周边产品色调及色相的搭配。在周边产品上多选用与服装相一致或相和谐的流行色彩，可以增强服装品牌的潮流性。

（三）流行色彩属性与服装系列

服装流行色彩的属性除时间属性和地域属性外，从每年颁布的流行色彩(四到六组色彩系列)分析来看，流行色彩还具有风格(主题)属性和色彩的基本属性(如色相、彩度和明度的差异)。其赋予属性的目的就是让流行色彩适应不同的地区、不同的季节、不同的市场、不同的消费群体以及不同的产品等方面得以推广。

流行色彩应用是体现服装时尚的重要因素，也是影响系列服装整体艺术效果的活跃因素。因此，正确选择色彩的彩度和明度在系列服装中的应用不仅仅表现在对服装风格的一致性，同时体现在系列产品色彩属性的开发针对不同的消费群的需求。

## 二、流行色彩与女装设计的基本方法

流行色彩，不仅仅是几种颜色的简单盛行，它需要与服装款式、面料、配饰以及其他色彩进行合理的搭配，才会使其发挥最大价值，产生一种全新的视觉和内心感受。因而，流行色彩的运用不能脱离服装中其他的元素而空谈颜色本身。在女装设计中，流行色彩的应用需要关注流行色彩与服装款式的契合，在服装中与其他色彩的搭配、比例配置、色彩调和，以及赋予在何种面料及配饰上等方面进行分析研究。只有这样，流行色彩才会与服装和谐地融为一体。

（一）流行色彩与服装款式

在女装设计中，服装色彩与服装款式是共存且紧密结合的。一方面，服装中选用不同的颜色，会使服装款式产生不同的效果；另一方面，通过服装的款式可以更好地表现色彩。服装色彩与服装款式两者之间相互作用，只有将色彩与款式恰当的结合，才能使服装产生理想中的完美效果。流行色彩作为服装色彩中具有潮流性的色彩，服装款式可以通过流行色彩来增强时尚感，流行色彩被运用到新的款式中也可以被大众快速的认识。因而，将流行色彩合理的运用到服装款式中，对于服装设计来讲是极为重要的。

流行色在服装款式中的应用一般分为三种方法：一是根据流行色面料(素色和花色)特点直接进行服装设计；二是采用流行色面料在服装设计中进行局部镶、拼接设计；三是通过流行色饰品或服饰进行搭配设计。不管采用哪种形式，其正确掌握流行色彩间的属性关系和服装款式设计与面料材质的依属关系尤为重要。

在服装款式设计中，对于流行色彩色相的选择，应根据服装款式的流行程度不同，合理的运用流行色彩；如对于时髦的款式，可多选用流行色卡中时髦的色彩和即将流行的尖峰色，可大面积运用流行色彩；对于传统的款式，如西装、正装等采用流行彩度较低的色彩进行设计，或将流行色彩只作为点缀色使用。

（二）流行色彩与服装面料

服装色彩是依托面料这一物质媒介来呈现的，在服装色彩设计中，色彩和面料是紧密相连的，面料的肌理、材质影响着色彩的选择。流行色彩作为一段时期内最具价值的色彩，同样需要以面料为载体进行展现。由于不同的面料有着各自的肌理特征，导致其在色彩的表现上会产生不同的效果。因此，在运用流行色彩时，首先要对选用面料的质地、肌理形态进行分析，再有针对性地选择与之相匹配的流行色彩。只有将流行色彩与不同肌理的面料进行完美的结合，才会使服装的流行性发挥出最大的效果，产生强大的视觉吸引力。

1、流行色彩的运用要考虑服装面料的质感

设计师在进行女装设计时，应首先把握不同面料的质感特性，根据面料自身的特征，选用合适的流行色彩来突显材质的效果，从而更好地表现出服装所要表达的气质。

2、流行色彩的运用要考虑服装面料的材质肌理

服装面料的材质肌理不同，对光的吸收和反射强度也会有所不同，这就导致了相同色彩在不同面料上的表现有所差异，其主要表现在色彩的纯度和明度方面会稍有不同。如面料的表面光滑，反光能力强，面料着色后，色彩的明度看起来比实际上有所提高；面料的表面粗糙，吸收光的能力强，面料着色后，色彩要比实际的明度稍暗一点。与此同时，由于色彩明度的改变，从而导致色彩的纯度也会有所变化。因此，在运用流行色彩的时候，要考虑到面料材质对于色彩呈现效果的影响。

3、流行色彩的运用要考虑服装面料的价值

面料的价值对流行色彩的选用具有一定的影响。通常情况下，高档的面料，如裘皮、皮革、缎子等，由于面料的价值较高，生产出的服装的造价相对也高，人们购买这些衣服穿着的时间较长，更新频率慢，因而这类面料不宜选用流行色彩作为主色。相反，像棉织物、化纤织物等相对低廉的面料，其服装成本低，价格相对便宜，人们对其购买的频率也高，适合较多的选用流行色彩。

（三）流行色彩的选择与搭配

通常情况下，设计师在选择好流行色彩后，要将这些色彩运用到女装设计中。流行色彩在女装中的运用可以是单一的运用，也可以与其他流行色彩或非流行色彩进行搭配。根据流行色彩在女装中搭配方式的不同，可以大致分为两类：单一流行色彩的运用和流行色彩与其他色彩地搭配运用。

1、单一流行色彩的运用

单一流行色彩的运用，是指设计师将某一流行色彩直接运用到服装上，将其作为服装的主色，服装上只有这一种色彩。这种运用流行色彩的方法以醒目、简洁的形式来展现服装的流行性。在女装流行色彩的运用中最为多见。图 2014 秋冬各品牌女装运用最多的流行色彩，从各品牌的运用中，我们看到设计师将流行色彩作为服装的主色，运用于整套服装中。

2、流行色彩与其他色彩搭配运用

色彩的组合搭配可以提高整体的美感。因而，要想流行色彩在服装中发挥最大的价值，就需要其他色彩与其相搭配。流行色彩与其他色彩的搭配主要分为两种：一种是流行色彩与流行色彩之间的组合，另一种是流行色彩与非流行色彩的组合。一般情况下，第二种组合形式运用较多，通过与流行色彩以外的色彩搭配，可以更好地突显流行色彩。同一种色彩与一

种或者多种色彩搭配，会产生多种不同的效果。因而，在进行服装色彩设计时，设计师需要掌握色彩搭配的规则，满足消费者的不同需要。

常用的流行色彩搭配形式有以下两种。

（1）色相间的搭配。当我们选择某一流行色彩作为服装的主色时，要根据这一流行色彩在色环上的位置，选择在色环上与其相关的同类色、邻近色、对比色和互补色进行搭配。流行色彩与其相关的不同色彩进行搭配，在视觉上会产生不同的效果。

同类色搭配：这种搭配是选用与流行色彩相同色相，但纯度和明度不同的色彩进行搭配的形式。这种流行色彩的搭配方式，在视觉上最能体现和谐的效果，其色彩表现给人一种稳定的感觉，适合运用在古典、浪漫等稳重、高雅的服装风格中。在服装品类方面，正装和礼服类运用较多，其锁定的消费人群为追求品质、年龄稍大的消费者。如在流行色彩的搭配上，选择了同类色的搭配，将流行色彩作为服装的主色，对服装局部色彩的色调进行调整，使服装既保持了原有的稳重、高雅，又不单调乏味。

邻近色搭配：这种搭配是选用与流行色彩在色环上左右相邻的色彩进行搭配的形式。在色彩表现上，比同类色搭配更为丰富。流行色彩与其搭配的色彩虽然为不同色相，但两个色彩在色盘上相互靠近，其色彩具有相似的属性，在服装上同样可以呈现出一种柔和的感觉。这种流行色彩的搭配方式适合运用在强调时尚风格的服装中。在服装品类方面，多运用于正装、礼服类。其锁定的目标消费人群多为追求时尚的年轻群体。运用邻近色相搭配，在色彩上给人一种视觉的刺激，但又不过于夸张，既表现了着装者的成熟稳重，又透露着着装者的年轻时尚感。

对比色搭配：这种搭配是选用与流行色彩在色环上相距 120 度到 180 度的色彩进行搭配的形式。这种流行色彩的搭配方式，相比较同类色和邻近色搭配，在色彩表现上更有冲击力，可以很好的体现服装的时尚、活泼感，多适合于运动和休闲风格的服装。在服装品类方面，运动装和休闲装中运用较多，其锁定的目标人群多为年轻人。如在休闲装、运动装中运用对比色搭配，给人一种青春、活泼的感觉。

互补色搭配：这种搭配是选用与流行色彩在色环上相对的色彩。这种流行色彩搭配方式，有很强的视觉冲击力，多适合运用于强调自我个性风格的服装中。流行色彩搭配与其相互补的色相，服装看起来更具个性和时尚的感觉。

流行色彩除了与色环上的这四类相关色彩进行搭配外，流行色彩还可以与无色彩进行搭配。这种搭配形式，可以更好地展现流行色彩。将流行色彩与黑色、白色、灰色搭配在一起，可以很好地烘托出流行色彩，使服装整体看起来既富有时尚潮流感，又不过于夸张，在色彩上起到一种均衡作用。

(2)比例间的搭配。流行色彩在服装色彩中既可以作为主要色彩，也可以起到点缀和辅助作用。

流行色彩作为主要色彩。这种情况下，流行色彩在服装色彩中占主导位置，流行色彩在服装整体色彩中所占比例在 80%左右。在服装中大面积的运用流行色彩，能到一定的强化作用。这种搭配形式，适合时尚性强的服装。

流行色彩的辅助性。这种情况下，流行色彩作为辅助，与服装主色搭配。通常流行色彩在服装整体色彩中所占比例在 30%左右。这种搭配形式多运用于兼顾实用与时尚的服装中。

流行色彩的点缀性。这种情况下，流行色作为强调色，与服装主色进行搭配。通常流行色彩在服装整体色彩中所占比例在 10%左右。这种搭配形式适合运用于时尚性不强的服装中。

流行色彩红色和蓝色在不同服装中的运用比例有所不同。流行色彩运用比例不同，面向的消费人群也有所不同。根据消费者对于流行潮流的接受程度不同，设计师对流行色彩在服装中采用了不同比例的运用，以满足不同消费者对时尚的需求。

（四）流行色彩与服装配饰

在女装的整体造型中，配饰作为服装整体造型的一部分，起着辅助性的作用。同样，服装配饰的色彩在服装的整体色彩中也起着辅助性的作用。合理的运用服装配饰色彩，可以更好的点缀服装色彩，使服装的整体色彩更加丰富和完美。因而，服装配饰的色彩与服装整体色彩紧密相连。服装配饰色彩以服装色彩为依托进行设计，脱离了服装色彩的配饰色彩设计是毫无意义的。在服装配饰色彩的设计中，流行色彩越来越受到设计师们的欢迎，成为众多色彩中的主选对象。流行色彩的运用可以为配饰带来潮流感的同时，也对服装色彩时尚性的表现起到一定的点睛作用。尤其是一些相对传统款式的服装，在服装色彩上无法追随流行，通过在服装配饰上运用流行色彩，对服装整体造型色彩进行点缀，使服装既保持了传统性，又具有了时代潮流感。

对于服装配饰中流行色彩的运用，不能一味地只追随流行，而不考虑配饰色彩与配饰风格、材质，服装色彩以及服装目标消费者年龄的关联性，要根据不同的情况，合理的选用流行色彩。

1、服装配饰色彩与配饰风格、材质

在进行服装配饰色彩设计时，首先要考虑配饰的风格，做到配饰色彩与配饰风格相吻合。如浪漫风格的配饰，要选择纯度相对低，明度相对高的色彩，可适当地运用流行色彩，但要注意选择的流行色彩要与配饰风格相匹配；前卫风格的配饰，选择的色彩较为夸张，可多运用流行色彩；民族风格的配饰多以民族色彩为主，对流行色彩的选用较少。其次要考虑配饰的材质，对于材质昂贵的配饰，尽量少选用流行时间短的流行色彩；令材质低廉的配饰可多运用流行色彩。

2、服装配饰色彩与服装色彩

服装配饰色彩以服装色彩为设计出发点，两种色彩在视觉上要保持和谐。色彩的搭配形式主要有三种：

(1)配饰色彩与服装色彩相一致。

(2)配饰色彩与服装色彩相类似，在视觉上保持平衡。如：以素雅浅淡色调为主的服装，搭配纯度低，明度高的配饰色彩，整体形成一种柔和的格调。

(3)配饰色彩与服装色彩相对比。如服装色彩整体色调的明度和纯度较低，服装配饰色彩可选用纯度高，与服装色相对的色彩，这样可以打破服装色彩的单调感。在服装配饰中运用流行色彩时，要注意根据不同的色彩搭配形式，选择与服装色彩相和谐的流行色彩。

3、服装配饰色彩与服装目标消费者年龄

服装配饰色彩的选用要根据服装目标消费者年龄进行选择。服装的色彩搭配与目标消费者的年龄紧密相连，服装配饰色彩的设计也同样需要与服装目标消费者的年龄相吻合。如年轻人，追随潮流，充满朝气，配饰色彩可多选用高明度、高纯度的流行色彩；中年人，配饰色彩尽量素雅，流行色彩运用上，选择相对柔和的流行色彩；老年人，很少跟随潮流，在配饰色彩上尽量保持与服装色彩相类似，较少选用流行色彩。

# 第六章 服饰设计与色彩视错图案

## 第一节 服饰色彩视错图案的分类及构成

20世纪前期，从日本引进英文“Design”的日译，“图案”这一概念，有“模样”、“样式”、“设计图”等含义。后期图案与工艺制作相结合，既具有装饰性又具有实用性，是一种统一与整体形态构成的艺术形式。可见，“图案”的含义包括两层，有广义和狭义之分。广义上来看，图案是一种创作的设计方案，依据创作物体的材料、制作、审美的要求和实用性能而定，对事物形态的造型结构、色彩和图形构成有一定的设想价值，即英文的“Design”；狭义上，则是依附于事物形态之上的装饰图形，有“Pattern”之意。因此，“图案”的艺术特征包括装饰性、工艺性、适合性，是物质与精神的统一，并在实现过程中具有一定的从属性质。

视觉错视现象是观者将看到的事物，在视网膜和大脑皮层细胞上会留下的残像。往往与现实存在的事物有一定的视觉误差，故称为视错。图案是服装形态构成中不可缺少的构成形式之一。服装设计中的图案多以装饰纹样的形式出现，是一种色彩与图形的组合，常常依附于面料来呈现。

服装中的色彩不仅包括单纯的色彩构成形式，还包括色彩构成的一切图案形式。因图案离不开图形的变化和构成，故将服装色彩视错图案定义为运用色彩三要素及设计中点、线、面的变化，所构成的一切视觉错视现象的纹样形式。总之，服装色彩视错图案应具有统一于整体创作的饰体性和动态性，并结合一定的工艺手段来实现，对服装设计具有较大空间的再创造价值。

### 一、服装色彩视错图案的分类

多年来，艺术一直秉承着“来源于生活又高于生活”的价值理念，人们寄希望于从身边的一切美入手，从视觉的本质出发，从而提高形式要素及鉴赏美、善的创作艺术形象能力，继而升华为整体表现的操作技能。这一点已屡见不鲜，例如，中国传统的国画表现技法，分为工笔和写意两种，既可用毛笔详细的勾勒出所画生物原貌经脉的结构，又可挥毫泼墨尽情书写心野恬静。同时，在现代艺术的设计领域，如工业设计中，人类也常将各种仿生科技作为提升自身生存能力的重要来源。

服装设计也不例外，在色彩视错图案的形式美上，有较具象的形式，也有较抽象的形式。较具象的视错图案为写实视错图案，相对而言，较抽象的视错图案可分为图形视错图案、意境视错图案以及将其写实、图形与意境三者相互结合实现的复合视错图案。

（一）写实视错图案

写实视错图案是指在不改变事物存在的基本原貌下，将具有色彩视错效果的事物利用直接植入手法，进行装饰的纹样形式。直接植入法是指将灵感元素，相对而言不加以任何改动，直接将其植入于服装的一种运用方式。元素的运用从灵感的汲取到设计的实现，很多时候不是在于取材的出处，而是在于实际应用的恰当。一个使用恰当的元素，或许有时不需要过多的人工处理就可以直接用于我们的生活，只是我们需要有一双发现美的眼睛。

写实视错艺术形式多数常以透视原理在平面中表现立体，从观者眼中，看起来画面呈现立体效果，但事实上用手触摸时却是平面的，最常见的如 3D 街头立体画。随着科技带来的数码印花技术，写实视错图案也广泛的运用于服装设计。服装图案宛如一幅欣欣向荣的景观设计图，在井然有序的绿地广场中，似乎也完美地实现了人体美的最佳黄金比例；服装中花团紧簇的图案，来源于我们的身边的实际生活，但色彩的平衡感表达不容忽视，如图 6-1-2；Mary Katrantzon 在 2013 秋冬的伦敦时装周的设计作品，她将相邻艺术领域的摄影艺术作品直接植入自己的设计，透视、比例无处不在，大大地扩大了服装艺术的造型方法。

（二）图形视错图案

图形视错图案是对具有色彩视错效果的事物，存在的原貌进行加工及重构后，利用图形基本构成中点、线、面等形式，概括性的进行装饰的纹样形式。服装中的图形视错图案，多以一图形元素点、线、面的组合及多图形元素点、线、面的组合形式出现，在事物基本构成元素中图形面积的大小、色彩对比的强弱是设计平衡的出发点。

随着近期几何造型服装的广泛运用，各种廓型以及类似建筑结构的解构造型的服装意识，正如雨后春笋般，铺天盖地地席卷着整个服装外部形态。服装的结构变化了，图案自然也被广大设计师应用得更加适用于此类服装，图形视错图案成为时装造型的另一大法宝。

（三）意境视错图案

“意境”作为艺术理论的涉及范畴，最早形成于唐代。历史上文人有关“意境”的记载有王昌龄的《诗格》，他把诗分为三种不同的境界：物境、情境、意境。此后，在《二十四诗品》中司空图也提出“象外之象，景外之景”、“韵外之致”、“味外之旨”的美术范畴。可见，“意境”的主要元素——情、景、虚、实，已经在中国古代的艺术创作中被广为关注。“意境”是情景交融、虚实相生的一种艺术审美境界，是我们不可忽视的艺术表现形式。

意境视错图案，也可称为虚幻视错图案，对具有视错效果的事物进行了提炼及升华，用渐变、无具体边缘形态的形式植入服装的一种装饰纹样形式。它体现了色彩“视错觉”图案的多元化运用方式，汲取灵感元素中有关色彩视错的造型精髓，犹如世人所崇尚的完美艺术形式——意境深远、无形意出。巧妙地融入设计的款式以及结构之中，为设计的本质理念服务，实现了含而不露的完美色彩视错效果，服装中多采用色彩的渐变、渲染来实现。

（四）复合视错图案

复合视错图案，是由写实视错图案、图形视错图案以及意境视错图案组合构成的装饰纹样形式。它体现了综合运用的价值，是服装视错图案中最常见的表现形式之一。它使服装中的视错图案在装饰性上具有变化，也是服装不可或缺的表现形式之一。完美的细节是决定成败的关键，复合视错图案常以一图案为主题，多图案围绕主题或色调进行局部植入的方式来实现。

**二、服装色彩视错图案的构成**

在约翰·伊顿的色彩理论中，有关于色彩情绪特征和精神特性的记载，他认为："色彩和图形紧密相连，不可分割。并在传递情绪特征时，有一定的类似性，如正方形与红色、三角形与黄色、圆形与蓝色。"在他看来，图形亦即色彩，没有色彩，就没有图形可言，图形与色彩是一体的，每种图形都有着本家色彩。正如图案的构成形式是由色彩和图形组成的一样，在"视错觉"的艺术形式中，只是更加突出了两者内部之间的相互对比，以及所产生的错视感受，这种感受在为色彩注入情绪的同时，也拉伸了空间层次的递进关系，使其看起来比本身的空间效果更明显，进而产生错视效果。服装色彩视错图案的构成形式是带有视错觉的色彩通过点、线、面的组合而成的，可归纳为色彩视错构成和平面视错构成两个部分。

（一）色彩视错构成

"只有光的存在才能见到色彩，光像波一样前进。"这是古希腊伟大的思想家亚里士多德的一句名言。在他看来，黑夜里没有了光，色彩只是眼睛和物体之间的透明物质。这一点也同时进一步印证了色彩的产生来源于光及光的反射。

西方色彩的系统研究，首次出现于 1791 年 5 月歌德的书信中"色彩学"这一提法，这是基于 1791 年至 1792 年间，歌德写的一些关于光学的文章合称《光学论文集》。歌德继"物理颜色"(即光学色)之后，又经历了从"化学颜色"到"生理颜色"的过程，奠定了整个色彩学的基础，于 1810 年出版了《色彩学》理论。从整体来说，中西方在色彩应用、色彩认识上相异之处始于 18 世纪末，之后的色彩体系被人们逐渐完善，如蒙塞尔色立体、奥斯特瓦尔德色立体等。至此，色彩从产生到体系的不断完善经历了一个复杂的过程，后人把色彩简分为三个重要的组成部分——色相、明度、纯度，如图 6-1-1。色相是指色彩所呈现的不同面貌，如红、黄、蓝等。明度则是色彩由明到暗的变化。纯度，又称为彩度，呈现为色彩中饱和度的变化形式。色相、明度、纯度的不同变化是色彩视错产生的前提，也正是由于三者不同色差的变化，从而产生了色彩对比的视错觉。色相的对比，存在于以下几种对比方式：同类色、类似色、邻近色、对比色、互补色，分别在色相环上，两色间的距离为 15 度、30 度、60 度、120 度、180 度，如图 6-1-2。除此之外，色彩的明度和纯度对比，都会对不同色相间的色彩视错变化起到或大或小的辅助对比效果。

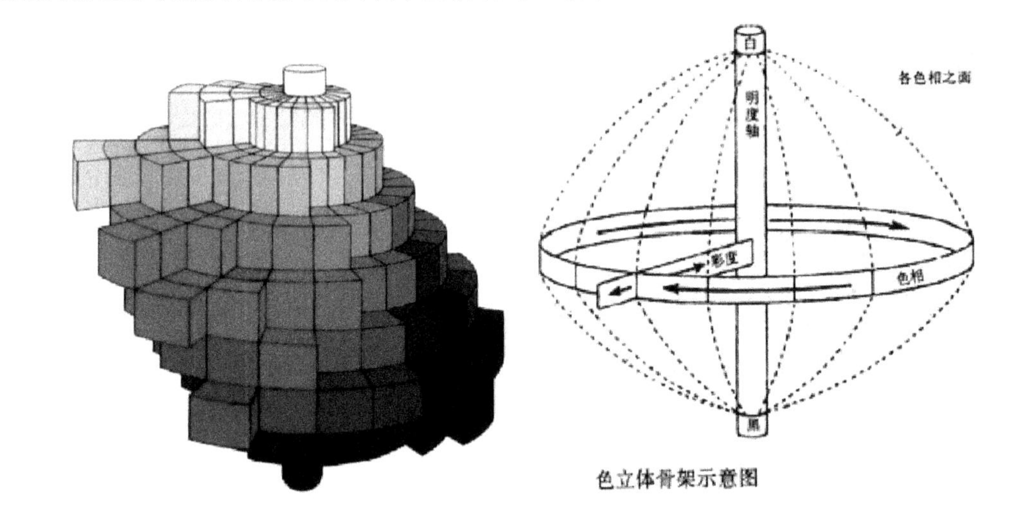


图 6-1-1　蒙塞尔色立体

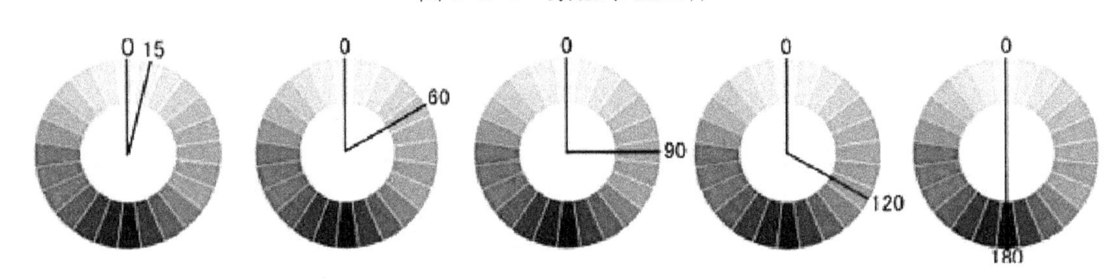


图 6-1-2　图 19 色相环

此外，色彩视错也与人体的眼球及神经等人体生理结构有着至关重要的关系。视神经在把视觉成像的图像传输到大脑的过程是个极为复杂的过程，它使得色彩在人眼中形成视觉残像，干扰人们对视野范围内色彩的正确判断，形成视错现象。

因此，色彩视错的构成包括色彩对比和色彩残像两个重要的组成部分。

1、色彩对比

色彩的对比视错，一般是指由于颜色间的色差而产生的视错现象。服装图案中的色彩分为有彩色和无彩色两种，其中有彩色又可分为冷、暖两色，换言之，不同色相的色彩分有冷色系和暖色系(图 6-1-3)，通常表现为冷色系的收缩感与暖色系的膨胀感，法国国旗红、白、蓝三色的面积比例为 35：33：37，而在我们看来却是相同比例的。冷暖色在空间距离上的关系是冷色靠后、暖色靠前，在冷暖色共同组合的图案上，前后关系更明显，如图 6-1-4。除此之外，相同色相之间，色彩明度及纯度的递进式色差变化，也会产生空间视幻的效果。在弃其光源色对其色彩变化的影响外，可取其有彩色的色相、明度和彩度三者的变化或无彩色的明度变化，进行服装图案视错体验。

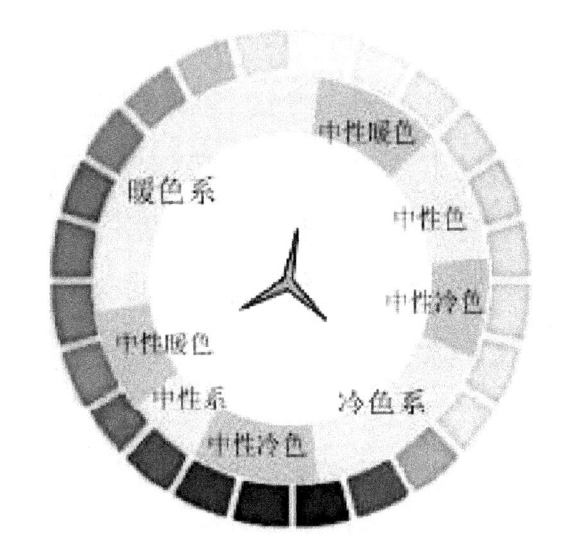


图 6-1-3　冷暖色相环

图 6-1-4　冷暖色对比示意图

2、色彩残像

关于色彩的残像视错，是指人眼观看带有颜色的物体后，由于物体受光线的影响，在视网膜上留下的残像，该像一般不会立即消失，而是保留 0.04 秒的时间，通常会产生一定的干扰视错现象，例如，人们通常会在长时间观看绿色后，常感觉周围物体的颜色有红色的色彩倾向。这种视错是不同色相色彩冷暖对比的另一种表现形式，对服装整体搭配的色彩平衡有一定的影响。

色彩视错构成的原理，将在之后的“视错觉”图案研究中起到贯穿始终的重要作用。

（二）平面视错构成

“二维空间”这一概念，一直被普遍认为是“平面”的代言词。“维”是用来描述空间尺度的词语，常被称为一种度量单位。所谓的“二维”是指由长度、宽度两种方向，构成的占有面积的空间形态，直观上分析，与“面”一词相吻合。事实上，“平”与“空间”却是矛盾的，与之最初的语义相反。空间是一个具有多学科意义的概念，从哲学的角度认识空间，空间是指客观物质存在的形态，它与时间一起构成运动着的物质存在的两种基本形式；从建筑的角度认识空间，有外部空间、内部空间、从外到内过渡、穿插、融合的灰空间，以及人在其中空间的心理对应；从造型角度认识空间，空间具有多维性。

平面视错，除了二维中的长短、方向等的视错，还可以用平面的二维去营造三维的效果，使之具有空间的层次感和纵深度。对人的视觉感知而言，平面视错产生视觉错视现象，具有视幻性、平面性和矛盾性的特点，在表现手法上，常运用透视等表现效果。

点、线、面是平面构成的基本要素，平面视错也不例外，它包括点视错、线视错和面视错。

1、点视错

鲁道夫·阿恩海姆在《艺术与视知觉》中指出：“人的眼睛倾向于把任何一个刺激样式看成已知条件所允许达到的最简洁的形状。”构成造型的最简洁形状可以是以点为单位，如一件服装造型的设计点，可以是一颗纽扣，也可以是一朵花，更可以是一幅画，它贯穿于整个设计的中心主题，具有的重要性是不可忽视的。点是一种具有空间位置的视觉单位，在理论上虽然没有角度的连续性和扩张性，在事实上却具有相对的面积和形状。点的判断完全取决于它所存在的空间，无论它以何种大小和形状出现，只要在整体空间中被认为具有集中性，并成为最小的视觉单位时，就可以认定是点的造型。点的变化会使人产生不同的视觉感受，可分为规律的变化和不规律的变化。点的规律变化，如一组大小相等的圆，进行重复排列，如图 6-1-5，给人以秩序和平衡的二维美感。点的不规律变化，包括点的大小变化、点的方向变化、以及点的虚实变化，如图 6-1-6、图 6-1-7，由于大小的错落、方向的引导和虚实的变化，给人以空间的视幻感和运动感。因此，点视错是由点的大小变化、点的方向变化和点的虚实变化组成。

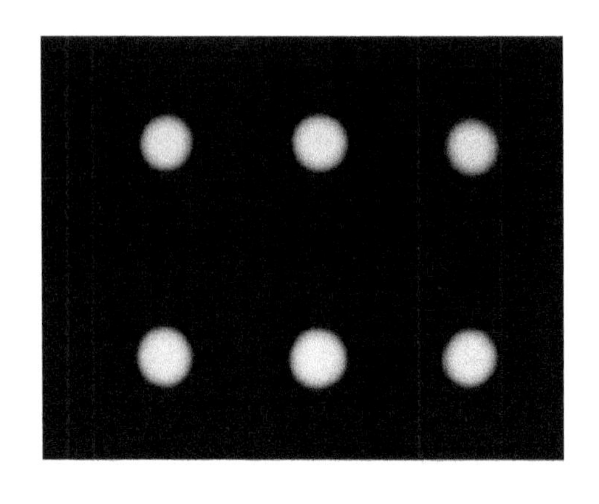

图 6-1-5　点的规律变化

图 6-1-6　点的大小、方向变化

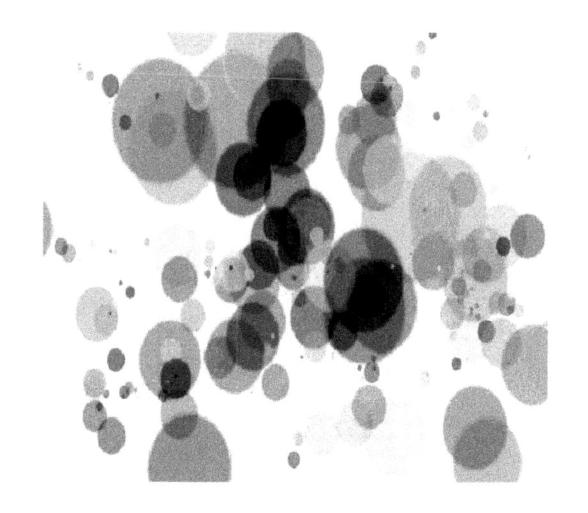

图 6-1-7　点的虚实变化

经典的点视错案例如下：

艾宾浩斯视错觉是指以相同面积大小的圆形为圆心，用不同大小的圆形进行干扰，视觉中，围有较小圆形的圆心看起来比围有较大圆形的圆显得大，如图 6-1-8-a。以下是对艾宾浩斯视错觉进行的色彩视错研究：图 6-1-8-b 为同一色相不同色度的明度、纯度变化，使艾宾浩斯视错觉加剧；不同色相冷暖构成的艾宾浩斯视错觉图 6-1-8-c 中，由于冷色收缩、暖色膨胀的影响，使图案中部的圆心大小视错愈加明显。除此之外，点视错也是最自由的视错形式，它构成了线视错和面视错。点视错的特点是容易吸引人的注意力，使之成为视觉的中心。

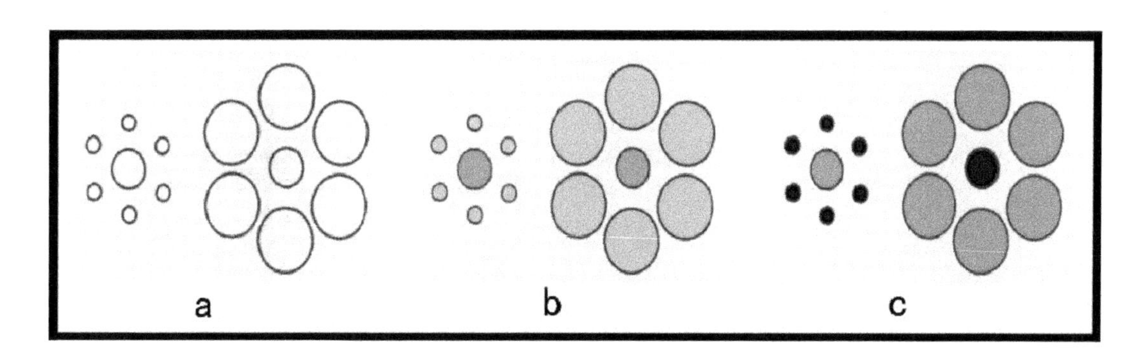


图 6-1-8　艾宾浩斯视错觉

2、线视错

“两点成线”，图案中的线有长短、粗细、虚实和方向之分，不像数学中那么精准、明确，但却可以构成一切面的边缘以及面与面的交界，甚至具有性格与感情的变化。20 世纪著名的抽象派画家保罗·克利曾说：“画家或设计者笔下的线条是有情绪的，你必须对它进行组织，知道什么是重要的，什么是附属的。”可见，线比点更具有丰富的感情色彩。现实中的线条有直线和曲线之别，是不同的点的轨迹所带给人的不同视觉感受。

二维空间的线造型有分割空间、界定轮廓的作用。然而，线除了具有二维长短、方向等视错外，还具有时空感和运动感，它可以通过自身的长短、粗细、曲直、疏密、虚实、形状和方向等变化来创造视幻的“三维”效果，以上运用线的方式，统称为“线视错”，如图6-1-9、图6-1-10。

图 6-1-9　直线变化

图 6-1-10　曲线变化

经典的线视错案例如下：

线有视觉长短误差的视错。正如缪勒—莱依尔视错觉，两个原本相同长度的线段，由于箭头方向的不同，视觉中出现了长短不同的视觉误差，箭头向外的线段比箭头向内的线段显得更短一些，如图 6-1-11。同样属于长短视错觉的还有菲克视错觉，如图 6-1-12，原本相同的两条线段，垂直方向的线段比水平方向的线段显的更长。著名的庞佐视错觉，图 6-1-13 中的两条平行线段是相同大小的，然而处在较小夹角的线段看上去比较大夹角的线段更长一些。用色彩进行研究后发现，当冷色处于较大夹角、暖色处于较小夹角时，两条线段的长度变化在原图的基础上愈加明显。

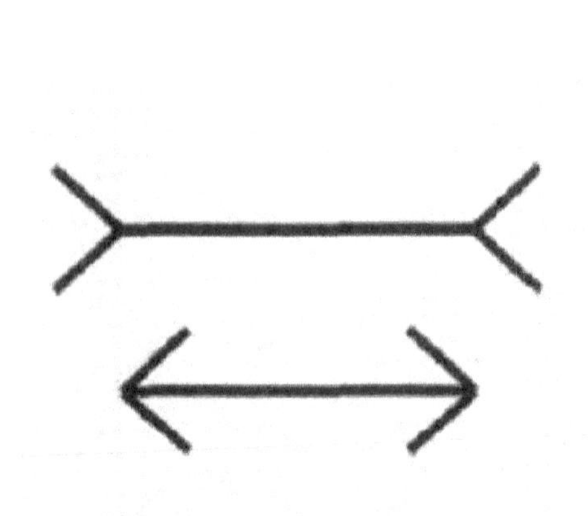

图 6-1-11　缪勒-莱依尔视错觉

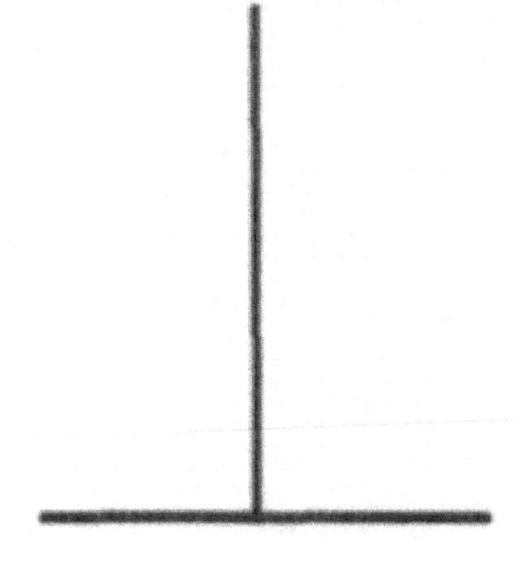

图 6-1-12　菲克视错觉

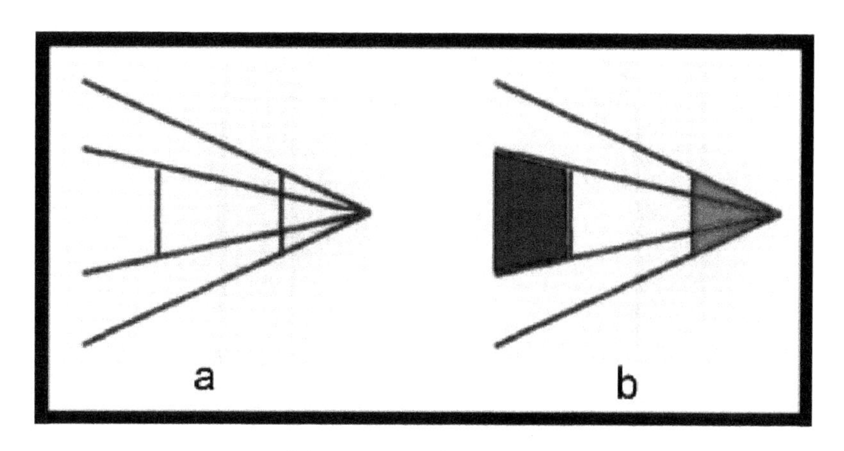


图 6-1-13 庞佐视错觉

线有视觉倾斜误差的视错。佐尔拉视错觉，如图 6-1-14-a ，一组平行线段被倾斜的干扰线所分割，看上去平行线不再平行，经研究证实，视觉中产生的方向视错强度，与平行线的方向、干扰线与平行线的夹角角度有关。将图 6-1-14-a 同理演化成图 6-1-14-b，并用色彩进行比较，观看图 6-1-14-c 与图 6-1-14-d ，得出色彩的明度、纯度及色相差距大的图 6-1-14-d 视错效果大于图 6-1-14-c。

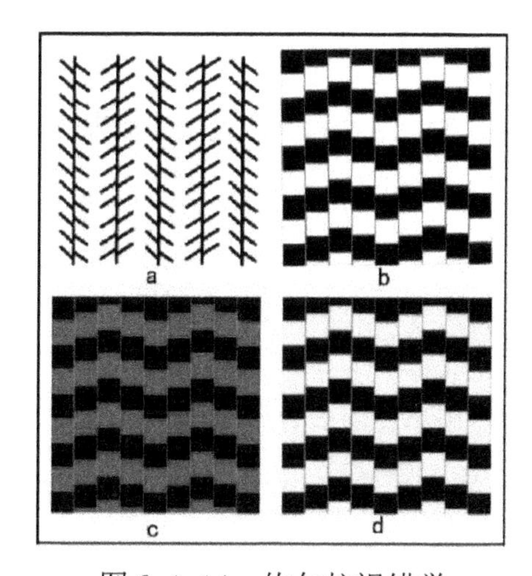


图 6-1-14 佐尔拉视错觉

线有视觉弯曲误差的视错。最经典的当属黑林视错觉和冯特视错觉，分别如图 6-1-28-a 和图 6-1-15-b，两条线段受具有方向感的各种外来干扰线的互相干扰后，使原本平行的线段在视觉上有弯曲的视错感。与此类视错现象相似的视错觉，都统称为弯曲视错。以黑林视错觉为例，研究色彩视错中的图形变化对视觉误差的影响，图 6-1-15-c 和图 6-1-15-d 是一组暖色系由渐变色为主的黑林视错觉图片，从图中可以看出图 6-1-16-c 的平行线比图 6-1-15-d 的平行线更弯曲，即同一冷暖的渐变色中，干扰方向的纯度和明度越高，原线段的弯曲效果越明显；图 6-1-15-e 和图 6-1-15-f 是一组由冷暖色系共存的黑林视错觉图片，从图中可以看出图 6-1-15-e 的平行线比图 6-1-15-f 的平行线更弯曲，即冷暖色共存的弯曲视错中，干扰方向的线中暖色比冷色更有膨胀感和视觉吸引力，故弯曲视错的程度也就越大。

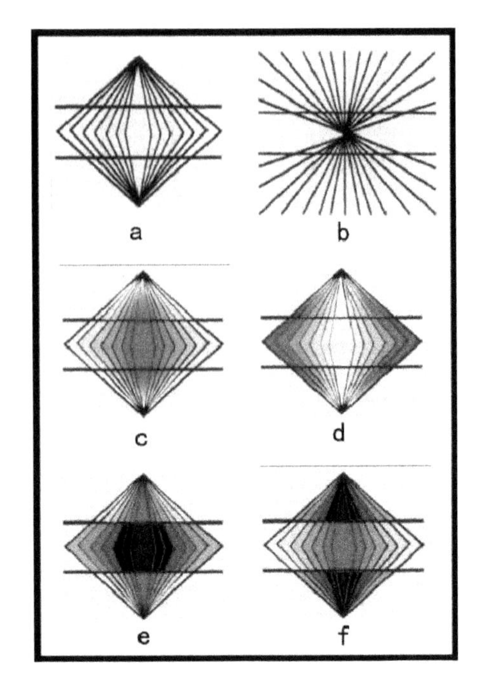


图 6-1-15　黑林视错觉、冯特视错觉

线有视觉空间误差的视错。线的旋转排列，实际上，是人用带有角度的视点，观察到的线的运动轨迹。这在二维实现中，会使人产生一种三维空间进深的视觉误差感，实现了线段带有韵律延展或弯曲的构成美。线的旋转排列，在线段排列上要避免理想化的机械性重复，注重美感的规律，此美感规律通常是在常规线段重复变化中，另设外界干扰力后，由外力所产生的线体个性变化。此时，线段若更加注重线段长短的节奏美感，将会使得整个二维绘制的空间变化更加附有灵动的生趣，如图 6-1-16。线的穿插交错，是线与线的穿插形态搭制成一个空间围合的三维空间，并用透视的手法实现的形式。在此图案的实现上，可使用曲线、直线或曲线和直线结合的多种尝试手法。在以上变化中，色彩明暗、深浅的层次变化，更加丰富了空间的塑造，这取决于假设光源的位置，如图 6-1-17。

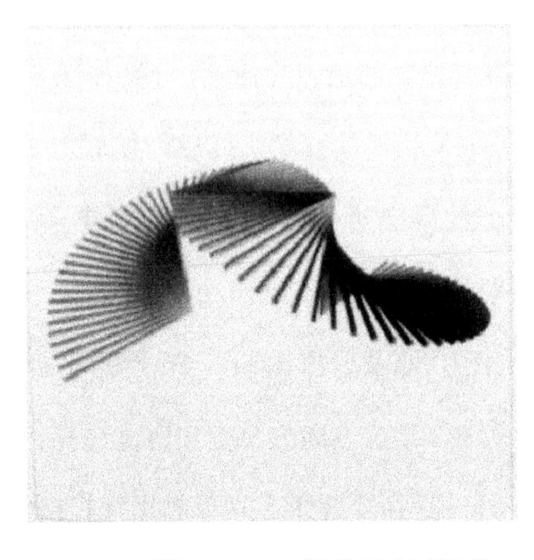

图 6-1-16 线的旋转排列

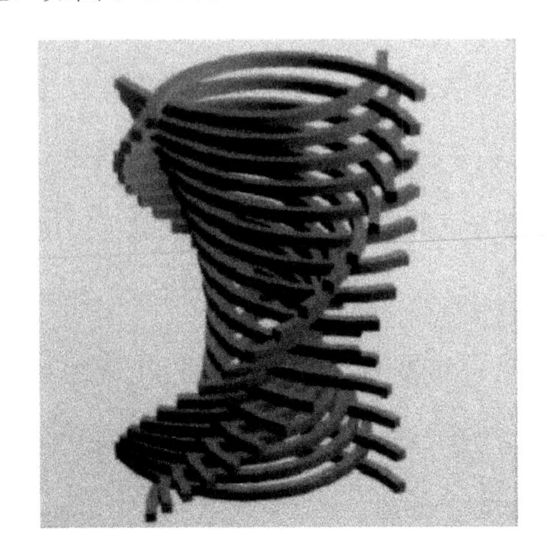

图 6-1-17 线的穿插交错

3、面视错

面是点的密集或是点的扩大化；面的构成可以是一切点与线的构成，是线的轨迹，或是线与线的封闭；是点与线的组合。换言之，所有点和线的构成形式都可以用面的表达形式重新演绎。二维空间中理解的面是没有厚度的，而利用视错的语言去表达时，面不但有了厚度，并且还会出现空间矛盾的形式，例如，面的重叠、面的组合、面的重构以及面的正负形等等。

经典的面视错案例如下：

有视觉面积大小误差的视错，如图6-1-18-a。我们可以看到，两个原本等大的方形，随着色彩渐变由外而内的程度加大，大小视错的效果也就越明显，如图6-1-18-b。

面的重叠，生活中的事物由于视野中事物前后距离的影响，可能会产生遮挡现象，将这种相互遮挡的重叠现象用二维的形式表达出来就是面与面的重叠。面的重叠在色彩对比的影响下，一样可以得到空间递进的层次感，如图6-1-19。

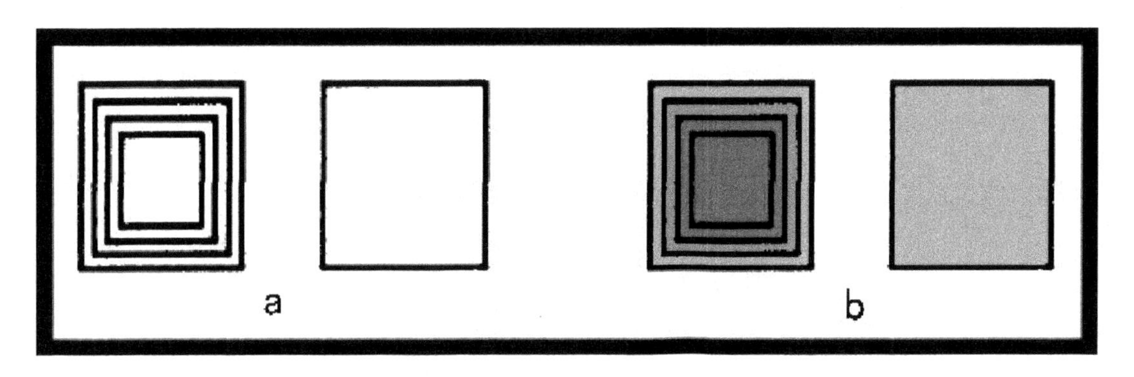


图6-1-18　大小的视觉

图6-1-19　面的重叠

面的组合，把原本平面的事物，通过图形的组合使之变得立体的一种视错，如图6-1-20-a。其中，图6-1-20-b和图6-1-20-c是在立体图形的基础上用色彩来塑造形体的一种方式。

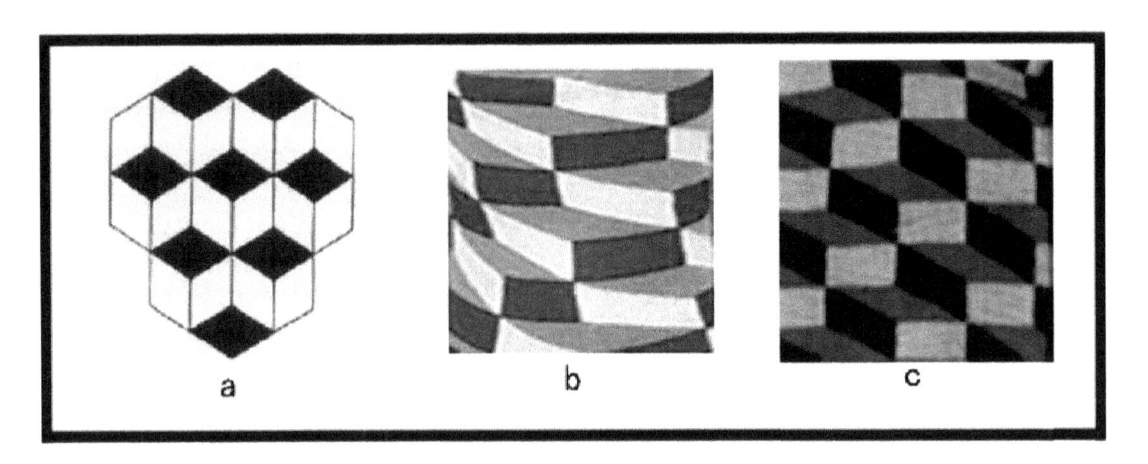


图 6-1-20　面的组合

面的正负形视错。图片中原有形象与图片背景的图形，形成对比的视觉错视现象。鲁宾之杯视错觉，如图 6-1-21 鲁宾之杯的作者是约翰逊·笛福(英)，图底关系中以鲁宾杯最为有名，对于平面视觉设计领域研究视错觉和视知觉在图形中的运用都具有重要的启发和借鉴意义。

图 6-1-21　鲁宾之杯视错觉

综上所述，界定点、线、面的形式是相对的，组合三者构成的视错也同样有着奇妙的视觉效果，例如，费雷泽视错觉，如图 6-1-22，图片中看似螺旋状的曲线图案，实际上用笔沿着曲线画一下，竟发现明明中是一组同心圆。其中色彩的方向感起到了增大视错效果的作用。又如图 6-1-23 ，图 6-1-24，点、线、面组合的具有动态感的视错形式，让我们简直已经不敢相信自己的眼睛，它用二维的形式创造了动态的幻觉空间新体验。

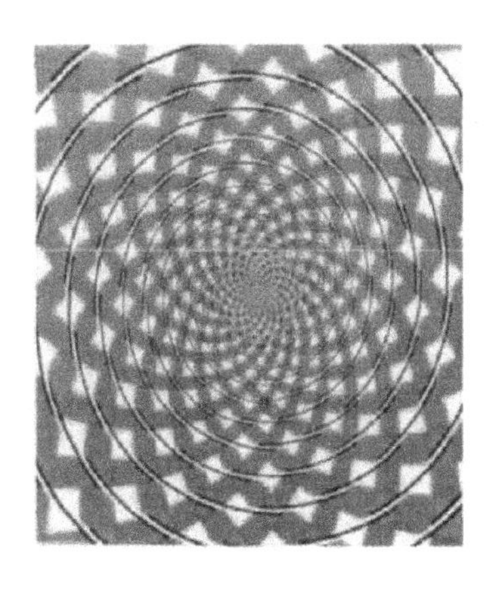

图 6-1-22 费雷泽视错觉

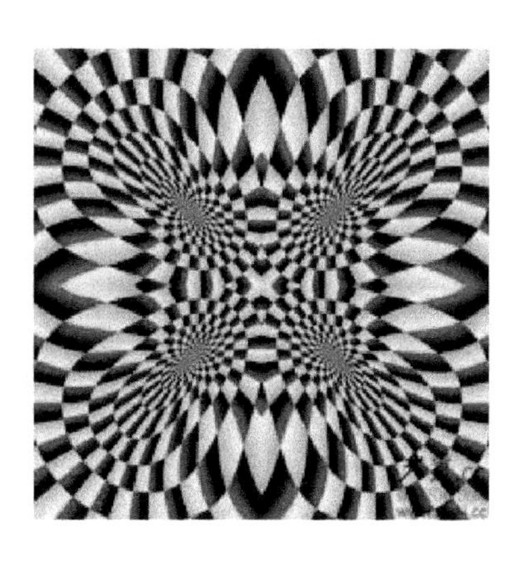

图 6-1-23 动态视错（一）

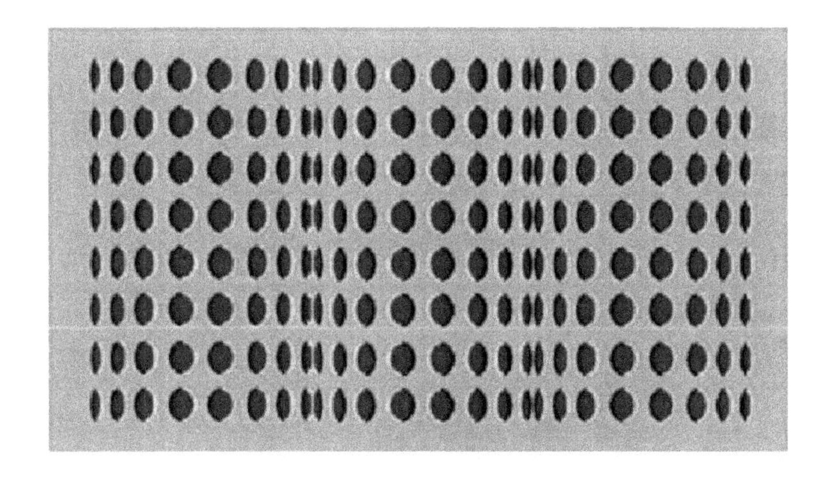

图 6-1-24 动态视错（二）

## 第二节 服饰色彩视错图案的元素取材

任何一种事物的分类都没有完全的界限，世界上的一切事物都是普遍联系的，而且具有一定的规律。现将服装中色彩视错元素大体分为四类：源于其它艺术媒介、自然界、生活所见所闻和设计师的审美倾向。

### 一、源于其他艺术媒介

艺术的诞生由人类启蒙的色彩视错元素后，对美的觉醒而来，目的不容解释，或是人类为了驱走妖魔崇拜图腾，或是人类为了记录下身边发现的美丽事物，或是人类为了更好地改造生活环境……人们在不断的探索中前行，包括绘画、音乐、摄影等，并从其中衍生出各种细分的类别，如设计领域的建筑、服装、景观等，便于后代去学习以备生活所需，正如那句老话："艺术本是相通的，来源于生活又服务于生活。"

服装的色彩视错元素也常源于其他的艺术媒介，既可以源自西方荷兰画家梵高的绘画作品《向日葵》，又可以取自中国水墨的山水意蕴之中。同时，在艺术作品中不同时期不同地域的绘画派别产生的不同风格理念也可以为己所用。除此之外，邮票也具有较高的艺术收藏价值和色彩表现力。2013年伦敦时装周上Mary Katrantzon就推出了一系列由一枚邮票为色彩灵感元素的服装设计，欣赏之余为之感叹，她完美地将灵感元素结合实际转变为了纯粹抽象的时装款式。

**二、源于自然界的色彩视错元素**

自然界无奇不有，各种珍禽异兽、花鸟鱼虫，乃至星空万里间的风云万变，都是我们提取色彩视错的珍贵素材。为了生存躲避天敌的侵犯，生物们尽显其能、独树一帜，外表拥有着奇幻的色彩。2010年春夏巴黎时装周中Alexander McQceen利用时尚的语言去诠释海洋爬行生物的奇幻色彩，她精心的策划、提炼着自己的设计理念，在卡紧腰线及钟形花苞裙的服装款式中，用绿色、棕色、蓝色及其渐变的色调，使整个服装在色彩视错的装饰下成型，构建了完美的垫臀宽裙的廓型。 McQueen的设计逻辑是—为未来生态毁坏的世界末日试镜：人类由海洋生物进化而来，由于冰雪融化，我们可能回到水下的未来。无独有偶，Mary Katrantzon在2012年春夏的伦敦时装秀，也从大自然中汲取灵感，在服装的色彩上大量运用具有热带海洋风情的色彩视错元素为服装增添活力，。另外，以大自然为色彩视错灵感的还有很多，如中国品牌台绣TGGC用自己独特的色彩视错角度，以星空为灵感出品的部分服装，幻妙的宇宙色彩给予人们无尽的想象空间。

**三、源于生活所见所闻的色彩视错元素**

随着科技的进步，人类生活水平的提高，人们的兴趣爱好也愈加广泛，追求卓越的同时也不失乐趣，各式各样的流行趋势不约而同地涌入我们的生活，其中也包括我们的服饰。以现代生活的所见所闻为灵感去思考服装中的图案，并从中激发出色彩的错视艺术美感，也正是这一点有力地见证了服装与所处时代的共同趣味性特征。此类灵感元素的案例也比较多见，沉醉于类似3D的立体色彩并勇于见证服装视错奇迹艺术的Mary Katrantzon早在2012年秋冬伦敦时装秀上，就以尝试用钟表及键盘等图案塑造服装的造型艺术。除此之外，具有街头风格但又不失视错效果的设计，设计者用现代食品的包装袋为灵感，进行了一系列的造型尝试。

**四、源于设计师的审美倾向的色彩视错元素**

现代社会带给人们的除了乐趣还有压力，多诱发出日常生活中的各种复杂心情，服装设计师也是人类社会中的一员，常常因其自身的审美倾向，如心情因素和文化背景等因素影响，甚至以此为创作设计的灵感来源，抑或悲伤、抑或焦躁、抑或孤独、寂寞、难以自拔，色彩视错上选用暗淡低沉的整体色调进行处理，构成感强烈。此外，具有复古风情的18世纪洛可可风格为素材，运用色彩视错的表现技法，使面料图案与款式结构难分真伪。

# 第三节 色彩视觉图案在服饰设计中的实现路径

## 一、服装色彩视错图案的实现原理及技术

（一）绘画原理

达·芬奇曾说：“画家的第一意图，是使平面把人的立体感表现出来，并使人体脱离开这一平面。图案是以平面出现的一种艺术形式，它与绘画之间有着千丝万缕的联系。20世纪初期的现代主义运动，在荷兰盛行“风格派”运动的艺术构成形式，以蒙德里安为代表，有着鲜明的特征：喜用简单的几何图形为构成元素，进行结构组合，画面具有非对称性，反复运用基本原色和中性色的纵横几何结构。西班牙画家巴勃罗·鲁伊斯·毕加索的绘画作品中，充满了抽象的表现主义特征，他忽视传统西方绘画的透视法则，让背景与画面相互交互，使立体主义的画面创造出一个二维空间的绘画特色。同理，当传统绘画中的造型原理引入图案艺术时，将会产生非同凡想的三维乃至多维的空间错视感。

1、透视与比例原理

文艺复兴时期后的绘画基础造型把透视的类型简单的分为三种：平行透视(一点透视，即物体向视平线上某一点消失)、成角透视(二点透视，即物体向视平线上某二点消失)、散点透视(多点透视，即不同物体有不同的消失点)，如图6-3-1 、图6-3-2所示。在莱奥纳多·达芬奇等杰出的人文主义学者归纳的透视学、解剖学和构图学原理学中，我们也习惯上知道近大远小、近实远虚及人体的比例关系原理。从透视图中我们不难发现，空间视角本质表达的近大远小原理是图形大小变化的另一种转化形式，在平面图案中突出表达这种图形之间大小、方向的规律变化，就会使人视觉上产生一种错视的维度立体空间感。

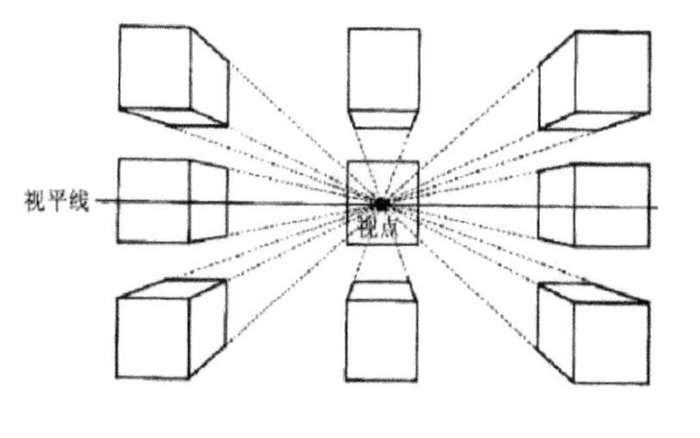


图6-3-1 平行透视

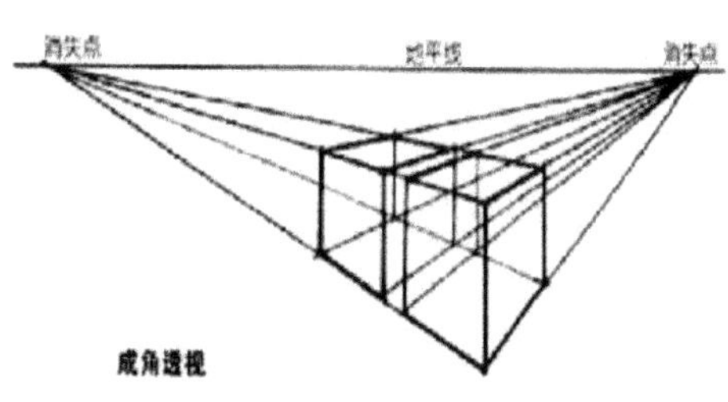


图6-3-2 成角透视

2、光影与明暗原理

对物体的明暗关系而言，基础造型中分为“三大面”和“五大调子”。所谓“三大面”，是指物体受光后的亮部、灰部、暗部，其中暗部又分成交界线、反光和投影三个层次。即构成了基础造型中物体的“五大调子”——亮部、灰部、交界线、反光、投影，如图6-3-3 。

绘画中光影与明暗的造型原理，是面与体的表达方式，同时也是色与面的表达方式。这种明暗、虚实的变化，恰似色彩间纯度与明度的渐变关系，而光与影的关系，实际上就是影与体的关系，是具有明确色差对比的两个面的关系。当服装受到某一光源作用时，便产生光影及明暗的关系，从生活角度理解，人体也是特殊意义上的物体。当塑造服装图案的立体感时，利用光影与明暗的表达方式也是很重要的。

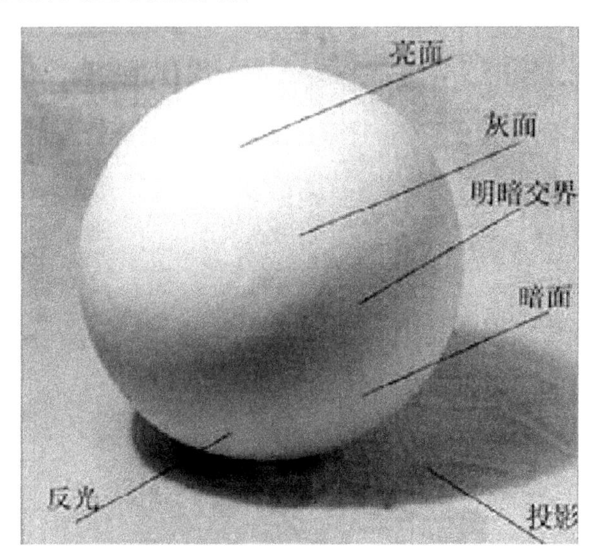


图 6-3-3　光影与明暗

3、形态与结构原理

基础造型中形态与结构的原理，是在描绘事物形态特征时抛掉面表达的基础上，用线来构筑体的一种简洁造型方式，被称为“结构素描”，它是对事物内在结构的解构，如图 6-3-4。在平面表达上，可总结为线的不同方向、不同粗细的重新组合。

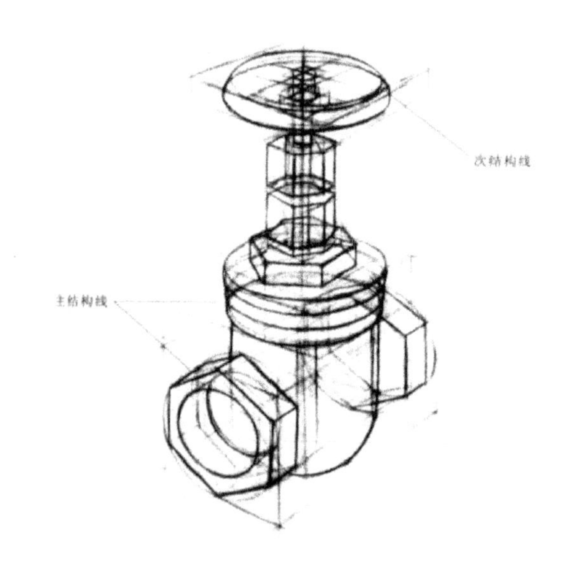


图 6-3-4　结构素描

服装创作的最初阶段，设计师常借助速写形式将头脑中设计的款式以平面二维的形式表达出来，然而此时的设计图已经具有了图案的雏形，将此类线性纹样融入服装面料中就产生了视觉错视。在服装视错图案的表达上应对已有的二维空间进行虚拟远近焦点的定位，秉着虚拟近点的线为粗且实、虚拟远点的线为细且虚的透视原理进行空间绘制。

以上的三种基础原理造型手法在服装的色彩造型中不是单独存在和使用的，是紧密相连、不可分割的，进一步实现了色与体的辅助关系。正如阿思海姆在《艺术与视知觉》一书中曾将形状比作“富有气魄的男性”，而把色彩比作“富有诱惑力的女性”。同样，查理•勃朗克也曾说过：“形状和色彩的事对于创造绘画是必需的。正如男人和女人的结合对于繁殖人类是必需的一样。”可见，色彩与造型具有相互依存、相互关联的重要作用。在进行服装图案的色彩“视错觉”设计时，设计师只有从积极的角度去认识形、色结合的重要性，从色彩与形体一块入手进行设计规划，与其原理紧密结合，才能创造出理想的艺术形象。

（二）数码技术

1、数码印花技术

无论任何艺术形式，设计方案易于实施操作，都是人们选择此方案的重要依据和可靠理由。色彩“视错觉”图案在服装中应用的易实施操作性，在很大程度上应该归功于科技的不断进步，数码印花技术起到了卓越的辅助作用。

数码印花技术是一种集机械、计算机机电子信息技术为一体的高新技术产品。它与传统印染工艺相比有很多方面的优势，主要如下：数码印花大大缩短了生产过程中原有的工艺路线，同时也降低了打样成本；数码印花技术在一定程度上打破了传统生产的套色以及花回长度的限制，实现了高档印刷的印制效果，有利于实现色彩在服装中的表现力；数码印花技术在生产批量上不受任何限制，有利于服装设计者实现小批量具有独特设计理念的设计方案。另外，由于数码印花技术采用的是高精度的喷印，在整个的喷印过程中大大节省了水和色浆的使用，所以也有着一定的环保价值。

数码印花技术，实现了相同材质下的不同视觉材质表达，应用的广泛性和重要性，将会随着科技的不断探索前进和生态环保理念而日见人心。人们更加期待于服装带给人，不变中可变的多样、多式、多功能的视觉体验，这种色彩视觉错视感也将给生活在大都市、固定机械模式的工业时代人类更添趣味性。为了在图案视错服装中更好地使用色彩，需要对服装中的四种基本面料质地感进行视觉体验性研究，棉、麻、丝、毛在质地的粗糙程度绘制中由粗到细，依次为毛、麻、棉、丝。除此之外，色彩是分感觉的，有轻重感和软硬感。轻重感主要源于色彩的明度，明度较高的色彩使人有轻薄感，明度较低的色彩使人有厚重感。色彩明度和纯度的变化也使色彩具有软硬感的变化，这对色彩造型中不同面料的表现尤为重要。一般来说，明度高的颜色相对呈柔软感，明度低的颜色则呈硬挺感。另外，通常中纯度的色彩给人以软感，高纯度和低纯度的色彩给人以硬感。

2、立体打印技术

立体打印技术，即 3D 打印技术，是一种快速立体成型的先进制造技术。第一台 3D 打印机，始于 20 世纪 90 年代，由 Charles Hull 开发，它的制作过程是用电脑超控打印机将液体光敏树脂材料、熔融的塑料丝、石膏粉等材料通过喷射粘剂或挤出等方式层层堆积叠加实现三维实体。最初的实物打印多用于医疗器械等方向，近年来随着这项技术的广泛研发，现多用于产品设计的广大领域，甚至于服装设计也报出了喜讯。NoaRavivhe 和她的学生们以网格和线条三维电脑模式的现代风格为灵感，结合大胆的黑白相间的图形图案和鲜艳的橙色，塑造出外形竖起的形态特征，与二维纯粹的基本款式形成和谐的对比视觉冲击。可见，立体打印技术给服装设计中色彩视错图案的实现提供了一条更加广阔的道路，为设计语言的最终实现提供了有力的基础，更为二维语言的三维实现提供了可靠保障。

**二、服装色彩视错图案的实现路径**

服装设计中运用色彩视错图案的路径与设计语言是相辅相成、不可分割的两个组成部分，犹如进入一个房间要找到通往房间的方向同时也要使用有效方法打开房门一样。色彩“视错觉”图案的实现是从三个不同角度的设计路径进入从而实现的过程，归纳为：其一，体现人体形态；其二，体现服装形态；其三，体现面料形态。

（一）体现人体形态

服装是敷在人体外部的包裹物，故提及服装的造型变化，便免不了从人体形态层面进行思考。在收集设计的大量成功案例中，笔者总结：色彩视错图案既可以修饰人体自然美，弥补人体自然美的不足，又可改变人体自然美，更改人体传统美观念，实现新视觉体验下的人体美。简言之，有强化人体自然美和强调人体变化美的两种实现形式。这是人类探索自身形态多样化的必然发展趋势，也是科技发展背后影响审美倾向变化的必然结果。

1、强化人体自然美

人体是每个人所特有的，不同民族的体型特征各不相同，它的审美观是随着的思维方式的不同而不同的，即使是同一民族、同一个人，在不同的成长过程中其体型也不一样。经过前人的大量探索性研究，不难发现其中美的规律。把一条线段分成两部分，使其中一部分与全长的比等于另一部分与这部分的比，这种分割称为黄金分割。黄金分割的创始人是古希腊的毕达哥拉斯，后来，这一神奇的比例关系被古希腊著名哲学家、美学家柏拉图誉为“黄金分割律”，即 0.618。可见，将这一测量美的比例用于人体上可作为衡量美的尺度。在服装设计中我们可将服装图案的设计点规划在人体的黄金分割线上，以达到整体比例的视觉完美。此外，为实现强化人体自然美的效果，传统的女装设计理念，也常常依人体结构将色彩设计的重点规划在突显女性曲线美的胸、腰、臀等部位。

2、强调人体变化美

科技是带动人类思维方式不断改变的主要因素，它给人以无尽想象的同时又给予改造世界无限的支撑力量，从此人类的生活方式改变了，已不仅仅满足于自身是自然界的一部分，还更加注重于赋予自身主宰者的独特姿态。人类不仅仅把自己的目光紧锁在自身形态层面，用图案的色彩“视错觉”改变人体自然形态，强调人体变化美，正是人类在这样的大背景下进行的新探索。面料在科技的引导下不断革新，以便满足人类各式各样的求新求奇的想法。人体形态在平面构成的点、线、面交织中构成，主要以色彩视错与立体视错共同构成的服装图案形式为主，实现视觉误差的体块感，这一切都是置人体的外部形态于不顾，是把视野内的服装面料以一种二维视角的三维体验为主的创新模式，实现了人体造型姿态万千的变化美感。

（二）体现服装形态

实现服装外部形态的多样性变化，一直是近年来创新服装设计领域不断拓展研发的方向之一。针对色彩“视错觉”图案给予空间变化可能的启示，理应从体现服装形态的途径入手，尝试设计研发，创新设计领域。服装结构的功能性与外部形态的造型性，共同构筑了服装的整体特征，故本小节将从服装结构和服装造型两个层面进行案例分析。

1、服装结构层面

在服装设计中利用服装结构进行设计的出发点已不新鲜，但正是因为服装结构在现实穿着的重要性，才使得众多设计者如此重视其设计的价值。熟知的服装结构包括领子、袖子、门襟、省道及兜袋等，在以色彩视错的服装设计为出发点时，我们也可利用服装结构进行外部形态拓展，用其图案及色彩的变化进行装饰。这种设计方法可简单的理解是用其图案构成和色彩的变化，加强或取代服装结构，使其服用者在穿戴时更加具有趣味性。值得赞赏的是Katrantzou采用各式鞋品的特征，以物品部件装饰整体服饰的图案，巧妙的令服装结构在装饰的同时增加创新性，完善了设计理念。

2、服装造型层面

在三维空间的造型中，“体型能给空间以尺寸、大小、尺寸关系、颜色和质地，同时空间也映衬着各种体型，这种体型与空间之间的共生关系可以通过空间设计中比例、尺度的层次去感知。形式是体的基本特征，它是由面的形状和面之间的相互关系所决定的。利用二维的色彩视错来营造类似三维的空间体型，除了要注重图案中体型与空间之间的关系，协同服装外部造型特征，还可以实现三维空间所做不到的视幻空间，从而实现逆转服装外部造型。

（1）协同服装外部造型

一件服装想要在第一时间抓住人的眼球，除了色彩的视觉效果外，其独特的外部造型也是不可忽视的。形体的塑造在人体与服装的互动空间里流动，要实现造型的多样性，作为服装三要素之一的色彩有时起到的不仅是装饰作用，在很大程度上还是辅助造型的重要手段。色彩随着服装的造型起承转合，犹如音乐的韵律在整个乐谱的生命血液中流淌，输出的是创作者不羁的心境释怀，而给予欣赏者的是完美享受。伦敦时装周 Basso & Brooke 一直是一个引人注目的时尚品牌，喜用数码印花等手段塑造服装外部造型，其斑斓的色彩使人美不甚收。2010 年春夏时装秀上，Basso & Brooke 以“新波普”为灵感理念的色彩视错服装采用橙、蓝、红、绿、紫等多种具有视觉效果的对比色进行设计。事实上，数码印染已经横扫了整个伦敦，同年的伦敦春夏时装秀上，技术从机械性的丝网印发展到电脑操控色彩和图案，Mary Katrantzou 用波动、绚丽、逼真的视错写真图案协同服装外部造型，使美丽的丝质连衣裙跃然而出。

（2）逆转服装外部造型

视错艺术的本质在于扰乱视觉，使人在视觉中寻找空间形体以外的多维体验，这种体验给服装设计带来的不仅仅是外部造型更多变化的可能性，有时也巧妙地借助视错图案中的空间构成变化弥补了造型中不够完美的形体部分。服装是使色彩视错图案造型多变的重要手段之一。服装腰部造型夸张，好似扇形，如果没有交点透视图案的巧妙处理设计，服装外部造型将会使得身形拙笨略胖，但是经过透视点位置的提高，不但弥补了造型对形体的不足之处，还使得腰线提高、腿部拉长，服装在实现造型多变的同时，不抛弃人体形态的完美外型值得学习。图案用色相的对比来实现逆转服装外部形态的典型案例，同时也是正反视错设计语言的有利表达。

（三）体现面料形态

服装的面料属性决定着服装的艺术形态，它为服装的造型提供了可行性依据。同时，服装面料的属性也决定着工艺实现的可行性。任何一件服装的设计过程，都离不开从面料形态层面进行考虑，这好比机械离不开钢铁一样。袁仄与胡月合著的《现代服装设计教学》曾提到：“有了好的材料，设计就成功了一半。”服装的面料为了满足设计的理念，必要时还需要进行二次改造，现代印染技术稳步提高，给面料层面的再造提供了更加广阔的前景，尤其是在色彩视错艺术蓬勃发展的今天。色彩视错服装中的面料形态层面有协同和更改两种形式。

1、协同面料外观特征

协同面料外观特征的色彩视错觉图案是指在原有面料的外观特征基础上，进行的类似效仿织物视觉效果的造型图案形式，比如褶皱等。由于色彩的产生是受光照射物体时物体本身对光线的反射和吸收能力后通过视神经传递到大脑的，所以织物表面的光滑度和吸光度就是人们感知色彩视觉的先决条件。以下三个案例都是围绕丝织物面料的特征进行的视错设计：Basso&Brooke 在 2012 伦敦时装周春夏发布会的一款时装，Basso 负责服装样式设计，本季以热带为主题，他把温室花卉同构成主义的星系图案融合在一起，图案呈现或紫或黄或五色的叶子形状，面对饰有惊人数码图样的众多连衣裙，难免目不暇接，色彩“视错”图案针对面料的外观改造，表现出强有力的简约之美，给原有服装款式增加了新的结构造型变化，指出了一个全新的设计方向。另一位设计师 Mary Katrantzon 的设计佳作，她同样采用数码印花技术，增加了面料原有外观下的造型变化，如连衣裙下方的褶皱式样就是在协同原有面料进行的设计。当然了，以上两种都是部分利用视错图案进行协同原有面料的图案设计，为了进一步感悟图案的奇妙视错效果，服装整体图案针对协同面料外观特征的例子是必不可少的，这也是更好验证其重要性的有利实例视错图案的奇妙之处不言而喻。

2、更改面料外观特征

服装界中的 Mary Katrantzon 可以称为“视错专家”，在色彩“视错觉”图案对于服装面料的改造方面，也有很高的造诣。2009 年秋冬的伦敦时装周是 Mary Katrantzon 品牌的第一次登台亮相，它用香水及玻璃质感的色彩变化，很好地诠释了女性人体独有的魅力，未闻其香却胜似众香，首饰也以印花图案的形式装点其间，是一次极妙的视觉盛宴。东方元素一直是西方设计师乐于借鉴和崇尚的重要元素之一，早在 19 世纪下半叶的“工艺美术”运动，就在装饰上推崇自然的东方装饰和东方艺术的特点。2011 年的秋冬时装周上她引鉴了跨民族元素，具有中国民族风格的瓷器被作为改造面料的重要设计元素，以欧洲洛可可同时期的清朝景泰蓝为代表，很好地印证了“民族的就是世界的”这句名言。此后的秀场趋势都一如既往的延续着 MaryKatrantzon 的生命血液，高新科技带来的数码技术似乎无所不能，挑战着人类的视觉，她采用数码印花改变原有面料的质感，仿造皮革面料外观特征的视错图案，使得原有面料更加环保，高效的节约了面料成本；以金属材质为灵感的服装设计，图案仿造出纤维面料所不能及的外观视觉廓型效果，同时也有效的实现了设计功能性与装饰性的统一。除此之外，众多设计师都着迷于用视错图案，更改面料原本外观特征的途径为服装设计作品增添了活力，如用烧焦的报纸为设计灵感，甚至木材也被用于服装造型的色彩塑造（。

值得一提是，这些面料改造往往采用元素局部植入的方法对服装进行装饰，并于造型的空间形成极强的视错效果，掩人耳目、以假乱真。

# 第七章 服饰色彩与款式设计

## 第一节 服饰色彩与款式设计的历史演变

服装色彩和服装款式是构成服装的两大要素，本章主要按时间发展的顺序阐述了服装色彩和款式的发展。服装的色彩与款式的演变经过了原始社会、奴隶社会、封建社会、近现代社会这几个发展阶段。在这一发展过程中，服装色彩与款式正在走向完善和成熟，服装款式越来越多样化，色彩变化越来越丰富多彩。

**一、原始社会服装——萌芽与自然**

中国上古时代是从170万年前的旧石器时代早期到公元前21世纪的青铜时代，这是服装史上的萌芽与自然时期。原始人类对服装的认识轨迹是从朦胧到清晰的，直到现在我们对原始社会服装的研究，只能通过一些零星的记载与考古学家的发现将与服装有关联的事物连接起来，来追溯服装发展史的来源。

色彩：河姆渡文化、仰韶文化、大汉口与龙山文化等原始时代与服饰现象有一些相关性，这段时期前后跨度三千余年。这期间，我国远古人类创造了丰富的陶文化和石骨器文化，发明了十分重要的原始的纺织工具和材料，服装萌芽一出土就根深苗壮，充分体现了中华民族原始时代的创造精神，源远流长的服装史的源头竟是充满生机和活力的一片灿烂景象。我国服装的起源，最早可追溯到旧石器时代，当时服装的色彩也是一些简单的色彩，通过相关文献我们知道，当时人们将兽皮和树叶等拿来用以遮体御寒。因此，服装的色彩主要以兽皮和树叶这些自然色为主，图7-1-1，这种变化也不是一成不变的，有时，兽皮的颜色变化由所捕获的动物皮毛所决定，以及兽皮和树叶随着时间的变化会产生不同的服装色彩。

图7-1-1 原始社会服装色彩

旧石器时代晚期，在农业和畜牧业的产生和发展过程中，人类从长期的劳动实践中掌握了纤维的规律认识了植物、动物纤维的特点，发现了新的天然材料麻、毛、丝，所以这一时期的服装色彩以单纯的自然色为主。

总之，这一时期是人类社会的萌芽时期，服装的色彩和款式已经有了很大的进步。

款式：旧石器时代晚期，当时先民们已经开始使用细小骨针，骨针的发现及使用在我国服装史上有着重要意义，它表明在旧石器时代晚期，生活在中国土地上的居民已告别赤身裸体的时代并掌握了缝纫技术，能利用骨针牵引线把处理过的兽皮衣物缝合在一起，款式相对来比较复杂。当时，人类还未发现植物纤维，只能利用兽皮、羽毛以及宽大的树叶做成长条状围系于腹部用来以抵御寒流的侵袭（图 7-1-2），这种饰物被叫做“蔽膝”，“蔽膝”之后，又出现用以蔽后的皮革饰物，这也是服装款式最早出现的形式。原始服装的问世拉开了中国服装史的序幕，标志着中国原始服装开始从朦胧中走出，揭开了服装史的新篇章。

图 7-1-2　原始社会服装款式

**二、奴隶社会服装——形成与沉积**

奴隶社会的时间前后跨度约一千六百年，在政治、经济、科技、文化、军事、宗教信仰等方面都得到了充分的发展，从形式到内容已经很成熟，极大地加速了先民的思想从萌芽到沉积这一发展过程的认识。这个时期的服装扮演着一个重要的角色，也是中国服饰文化定型的一个重要阶段。在政治、经济、科技和文化方面形成自己的独有的特色：一是将宗教意识和统治者的需求相结合，逐渐形成并积累了强烈的象征意义，二是出现了上衣下裳和衣裳连属这两个基本的形制，规定和建立了一套严格的服饰制度，在朝廷官员和民间推动，从今天的考古资料和历史记录，我们可以看出服装色彩与款式的发展与礼制有关。

色彩：这一时期的服装色彩带有明显的等级区分，商周时代在服装的服饰、色彩上表现尤为突出。乾为天没有亮时叫作玄色(黑色)，坤为地，是黄色的意思，因此最初的上衣下裳分别是上玄下黄的服装色彩。夏商周三代都崇尚不同的颜色，夏代尚黑，周代尚赤(图 7-1-3），商代尚白，以示火克金之意，赤衣不可用于养老，故周代兼用前二代衣色，定为玄衣即上绪衣，下素裳。

  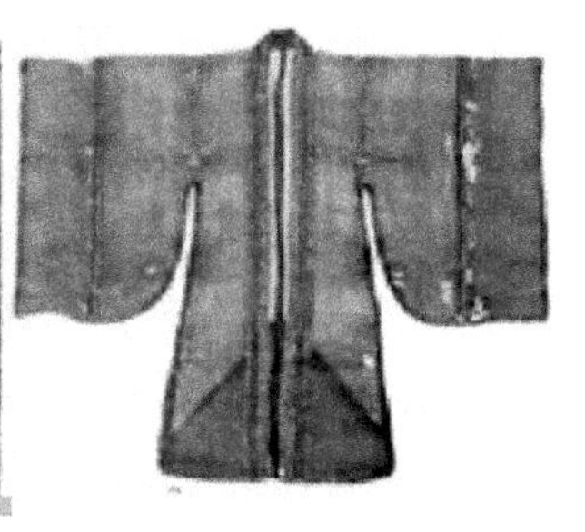

图 7-1-3 奴隶社会服装色彩

另外，在服装的设计中，对色彩的运用有了规定，天子为白衣朱裳、诸侯为玄衣朱裳、大夫为玄衣素裳、上士为玄衣玄裳、中士为玄衣黄裳、下士为玄衣杂裳，裳前系白色蔽膝。夏代冕冠为纯黑色，前面部分小后面部分大；商代的冕冠黑中略带白色，前面大后面小；周代的黑而赤就像雀头部的颜色，前面小后面大。

款式：这一时期有两种基本的服装形制上衣下裳和上下连属，对我国历代服装产生了深远的影响，几千年的古代服装，就是在这两种形制的基础上交互变化而不断演变和发展，形成了中华服饰独特的风格。

上衣下裳形制：上衣指衣、袍、襦等服饰，下裳包括裳及下体的其他服装，如裤、裙等(图 7-1-4)。襦最初是短衣，右衽，短至膝以上，有的至腰，衣长 2.2 尺，下加 1 尺掩裳，衣两旁口衽，长 2.5 尺，形如燕尾，也用于掩裳。连接领和前衣片的当时称作襟，左襟搭于右襟，襟上一般系带结于右腋下，也称为右衽。袍在襦的基础上稍微做了改变，襦的加长版，有两种形式，一种叫袍；另一种叫禅。若双层无絮之衣则为拾即夹衣。禅衣，肥大可以罩于袍及深衣的外面。所谓的上下连属形制就是把上衣和下裳缝合在一起的一种服装形制，和加长的上衣有所不同，其中最典型的是深衣，深衣款式上虽然上下连属，但在制作过程中仍分开裁剪，之后在腰部缝合，裁制时有严格的形式和尺寸规定。

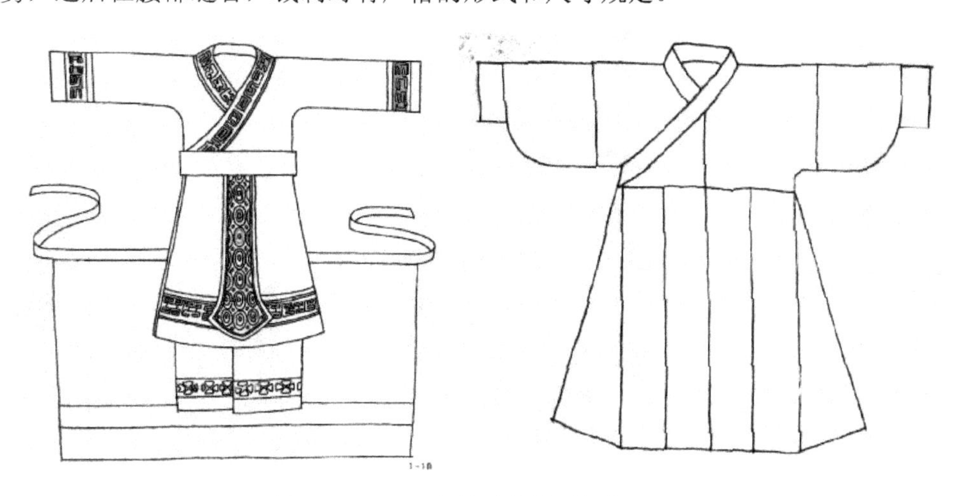

图 7-1-4 奴隶社会服装款式

### 三、封建社会服装——发展与成熟

三国至魏晋南北朝表现出一种前所未有的灿烂景象，对服装的时尚起到意外的导向作用，服装的融合出现在这一时期，促进了服装的向前发展，并为隋唐以后的服装鼎盛奠定了思想基础和人文艺术基础。隋唐经济的繁荣，文化的昌盛，政治相对稳定，使唐代服装达到了绚丽夺目的境界，为后来服装的发展留下了极大的发展空间。宋代追求素淡朴实的社会风尚，在市井文化的推波助澜中，使一度飞扬放旷的唐风收敛为简约儒雅，同时也流露出一种谨慎和拘束，由绚丽到素雅正是这一时期服装变化的重要特点。辽金元少数民族服装的形式和取色，与其生活的环境、文化的水平有紧密关系，注重服装的实用功能如御寒、征战、狩猎、劳作，导致服饰简朴，色彩单一，造型不求装饰，更加注重服装的实用性。这段时期的服装色彩和服装款式都有了很大程度的发展，一元化的政治瓦解，出现了一种创新的色彩缤纷的多元文化场面，色彩绚丽多彩，变化丰富，对服装色彩的运用也有一定的品色规定，成为这一时期的主要特点，其中以唐代最为典型。

唐代初期服装在追求色彩大胆、艳丽的同时，还追求浪漫主义和奇瑰绮丽的色彩风格，吸收了秦文化功利主义和中原文化礼的精神，形成了恢宏的艺术效果和具有地方特色的华丽气势（图 7-1-5）。另外，这一时期的色彩达二十多种，主要的色彩有白、土黄、深褐、浅褐、绛红、紫红、黄棕、黑色。下衣裙在唐代女服中最为丰富多彩，绚丽夺目、变化万千，充分体现出唐代繁丽而奢华的服饰风尚。裙上大多绣花纹，色彩斑斓，长裙有单色和多色之分，以朱绿、朱黄、黄白相间最为常见；单色裙则以红、紫、黄、绿、青及白色为流行色。盛唐时花笼裙和百鸟裙也比较流行，百鸟裙色泽艳丽，变化多样，从不同角度会产生不同的色彩。

图 7-1-5　封建社会服装色彩

唐代女服具有浓烈的民族风情和极度的开创性意识，唐代妇女着衣的大胆开放，追求自身的美感，展现时代精神的思想观念。与汉代相比，有一种宽容大度、潇洒自如的华贵气派，女服出现了丰富多彩雍容华贵的服饰造型(图 7-1-6)。上衣襦衣身狭窄短小，袖子比较窄小，袄比襦长而比袍短，衣身宽松，有窄袖与长袖两种。襦袄中以红、紫最流行，黄、白次之；领型有交领、方领、圆领以及各种形状的翻领，突出人物的头部形象，领和袖口附近有纹饰，有的加上镶拼锦绩，金彩纹绘，刺绣纹饰显得华贵富丽。到了中唐至五代，裙的形制发生变化，主要是裙下边缘加长，裙围加宽，盛唐时期女性以健美丰硕为尚，至中晚唐尤为如此，宽裙多褶的女裙开始流行，既宽大又能适体，行走时飘然，能很好地显示出女性的柔美。裙腰处横接其他色彩的宽带，整片不缝合，以纽绳系于一侧。裙也是宋代妇女下裳的主流服装，面料以罗纱为主，有刺绣和销金等形式。

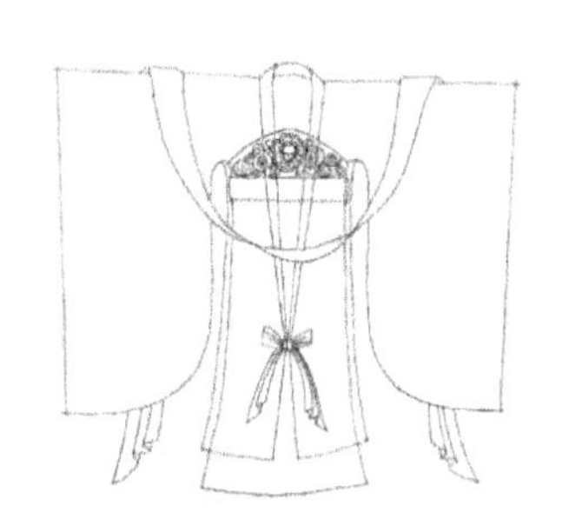

图 7-1-6　封建社会服装款式

明代初期民服趋向简约素净(图 7-1-7）。褂为袍之外的服装，圆领对襟、平袖，袖长仅至肘，长与坐齐，自皇帝至各品文武官员以至营兵皆可穿用，但以石青、黄、白、红、蓝及镶边等色彩加以区别。其中明黄色尤为贵重，非皇帝赐服者不得穿用。行褂在康熙末年传至民间，演变为马褂，长仅齐腰，下摆开衩，衣袖有长短两式，长仅齐腕，短则至肘，平袖口，以对襟为主，有大襟和缺襟等形式。补服也是当时区分官员品级的重要官服，有圆领、对襟、平袖等多种形式，衣长到膝盖以下，比袍短一公分左右，5 颗纽为主，色彩大多为石青色。补服的补子底色为深色，绣以彩色丝线，图案艳丽，和明代补子相比，颜色较素更为醒目美观。在补子四周通常增配有花边，上面的禽鸟定为单只，由于清代官职较多，所以补子的图案也比明代多。

图 7-1-7　明代社会服装款式

清初比较流行百褶裙和月华裙，百褶裙是用整幅缎子打折制作而成，月华裙是由彩色衣料拼缝而制作的，汉袍分曲据交领和直据交领，都为右衽，在领和袖处加花边，以菱纹、方格纹为多，相比衣服的花纹显得素雅些。

**四、近现代社会服装——蜕变与创新**

中国近现代社会是一个蜕变和革新的历史阶段，从政治、经济、文化到服装，都体现出这一特点，并且将继续延续下去，在新的世纪中更为迅速且令人瞩目。

西式服装被人们广泛接受，传统民族服饰在发展中也摸索出自己的一条道路，在发展本民族服装的同时借鉴西方的经验，从而形成了具有中国特点的服装文化。改革开放以前的服装色彩，也呈现出比较单一的颜色。另外，由于当时科学技术水平制约了服装的发展，这一时期灰色、蓝色等色彩在服装中运用较多。之后，由于改革开放给服装行业带来了转机，服装中出现了比较艳丽的色彩，色彩比较丰富。服装款式也受到西方文化的影响，带有西方元素的服装开始在中国流行，中式服装也逐渐地融入西方审美因素，款式变化也出现了多样化。

（一）中华人民共和成立初期的主要服装色彩

当时全社会崇尚节约简朴，流行素雅美，服装趋向实用，由于中苏关系联系紧密，在服装色彩上也显现出苏俄风格。色彩主要以灰色、蓝色为主，也有一些带有颜色的服装如大红色小棉袄。直到 1911 年，辛亥革命爆发，推翻了清王朝的统治，建立了民主共和制，从国外回来的孙中山率先引进西方服制，南京临时政府所有官员无论官级大小同穿一样的制服。从此，在中国社会实行了两千多年的传统冠服以及严格的等级制度被废除，取消了妇女缠足和男子辫发等陋习，中国服饰进入一个开放、融合的发展时期。“五四”运动以后，随着中西文化交流的加深，西方外来服饰文化逐渐被我国人民所接受，服装中吸收了许多西洋现代元素，同时“五四”运动使更多的妇女思想得到了解放，改变了传统的穿衣观念。

(二)改革开放时期的主要服装色彩

“文革”结束后，由于政府采取改革开放政策，国家经济实力的不断增强，与世界各国的交往日益增多，服装业也慢慢走上了健康的发展道路。这一时期，服装市场开始出现复苏、繁荣，人们的思想观念也随之开放。全国各地相继建立服装院校，开办各种与服装设计有关的专业，提高了专业服装设计的能力和国民服装穿着的审美水平。同时，政府提倡人民积极消费、美化生活，国家领导人带头穿西服。比较时髦的年轻人率先穿起款式新颖的服装，追求新异、个性成为当时的一种时尚，服装的流行周期大大缩短。服装色彩变化多样，色彩选用大胆，样式变化丰富。如牛仔装，其服装特点以面料为主，服装分割用橘黄色明线辑缝，随着时间的延伸，牛仔装由原来单一的蓝色发展到多种色彩(图 7-1-9)。牛仔布也向多原料、多花色方向发展。同时，牛仔装与异色面料拼接设计也是年轻人追逐的一种新时尚。20 世纪 70 年代初，化纤面料问世，服装面料多样、花色丰富多彩，印花技术也开始在服装中运用，人们开始摆脱老三色、老三样服装，追求新的服装式样。

(四)现代的主要服装色彩

现代，由于国际化的影响，服装色彩出现了多元化的发展。首先，基于现代服装色彩与款式的理论，色彩比例、明度、均衡、视错等设计手法在服装设计中得到运用，对服装色彩设计方面也有了更多的要求，其次，服装与配饰之间以及服装与环境的搭配等方面都有一定的要求。

近代服装款式从整个服装脉络来看，在这一时期，外来元素的服装开始在中国流行，服装绝大多数沿用外来的服装形式，服装出现了多元化。在发展中也经历了曲折，款式变化多样，备受人们的喜爱，比较典型的有中华人民共和国成立初期的服装、“文化大革命”时期的服装以及改革开放时期的服装。

（1）中华人民共和国成立初期的主要服装款式

中华人民共和国成立后，由于战争刚刚结束，建设处于起步阶段，经济比较薄弱，政府提倡节约，全社会崇尚节约简朴，流行素雅美，服装趋向实用。20 世纪 50 年代，中苏关系密切，这一时期受苏联影响较大，服装款式与色彩花形都显现出苏俄风格。服装结实、造型宽大、大翻领、双排扣、斜插袋及政治色彩的列宁装、布拉吉、民间传统的小花布棉袄等花布服装成为当时中国人追求的服装样式。

“布拉吉”是源于俄语的一种花布连衣裙，指上衣与裙子连在一起的女式服装。其使用广泛，造型灵活多变，穿着方便适体，适应不同年龄、不同场合的服用需求，是 20 世纪 50 年代中国女性流行的一种时髦服装，也是中华人民共和国成立初期唯一尽情展露女性美的服饰。

列宁服源于前苏联，中华人民共和国成立后和苏联是同盟，各方面受其影响，服装中的列宁服深受中国女性欢迎，一时在城市机关企业干部中流行。这种服装的上衣为西服大驳领，双排八粒纽扣，偏右直襟，服装造型多为宽腰身，两个或三个挖袋，胸前一个，两襟下方左右各有一个暗斜袋，有的加一条同色的布腰带。

花布棉袄是当时女性最普遍的冬装，无论在城市还是农村(图 7-1-11)，棉袄都采用棉布裁制，中式裁法，高领右衽大襟，有大襟和开襟两种，左右腰侧各有一个暗插袋，用布结疙瘩扣，七分大袖，袖口宽大，镶滚装饰逐步减少。棉衣里一般用深色布，棉袄外一般要加罩衣，以防弄脏棉衣并加强了御寒性。农村妇女的罩衣与棉袄形制一样，城市妇女则大多用列宁服作罩衣，后来演进成春秋装，即前翻一字领、躺袖、五粒扣、平口暗袋。

20世纪70年代末，随着改革开放的发展，中国社会经济与文化得到迅速发展，人们的思想与审美观念发生了很大的变化，在服装上的变化也很明显，它的变化不是以年为周期，而是以月甚至以此来展现它丰富多彩的面貌，所谓“日新月异”，用在服装变化上恰如其分。人们对穿着也有了一定的要求，服装更多地表现人的个性，必然会产生多样化。西装上表现得比较明显，国家领导人率先穿上了双排扣西服，开启了中国服装和西方沟通的大门。之后，西方的各种款式纷纷涌入中国，每种款式几乎都印有西方的烙印，从形式到内容都有了很大的变化，功能也相对完善，这一阶段展现女性曲线成为都市现代女性追求服饰美的时尚，薄、透、露成为设计的重点，蝙蝠衫、健美裤、高跟鞋、牛仔裤、吊带裙、迷你裙、婚纱、超短裙、露脐装、露背装等服装成为时尚青年的装扮。之后，T恤、运动鞋、旅游鞋则成为男女共宠的时尚。与以往时代相比，人们几乎都能按自己的喜好穿着，按自己的经济状况和社会身份打扮自己，这是一个完全开放、充分展现个性的时代，服装在这一时期展示了它最完美和最生动的一面。

4、现代的主要服装款式

由于受信息革命、全球化的影响，这个时期服装色彩与服装款式的发展呈现出前所未有的多元化、国际化发展趋势，使我国服装业逐渐与国际服装业时尚同步，演绎着不同时代的审美要求，丰富着我们的服饰文化。在这种环境的影响下，人们对美的观念也在发生着变化，在设计中更多地会考虑服装色彩与款式结构之间的关系，随着这种变化，涌现出了很多不同风格的服装设计师，例如，注重将东方的服饰观念与西方的服装技术、传统文化与现代科技相结合的日本设计师三宅一生；打破常规设计的设计师川久保玲；体现幽默、青春和超意识、凸现宽松、舒适、无束缚的设计师高田贤三，还有朋克风格的设计师如维维安•韦斯特韦德，他推崇反唯美、颓废、破裂、冲突的“美学精神”，追求美丽和性感，服装色彩鲜艳、线条简洁、流畅，设计师范思也注重流畅简洁的线条、宝石般耀眼的色彩，还有一些注重中性风格和注重结构设计的设计师等等都在这一时期纷纷出现。

通过对服装色彩和服装款式相结合的分析并配有相应的图片加以阐述，使我们对服装的色彩与款式之间的联系有了进一步的认识。服装的色彩和款式的关系是相互依存、相互制约的，不能脱离款式谈色彩，也不能脱离了色彩，一味地对款式进行探讨。

# 第二节 现代色彩创意与款式设计

## 一、现代色彩创意的本质特征

在当今设计的时代，人们对于色彩的审美要求越来越高。为了满足时代的更高要求，色彩已经成为一个现代科学设计的新概念，被渗透到日常生活中的任何一件设计作品中。与此同时，我们也能自豪地目睹到自己所创造出的另一个区别于原本自然的绚丽世界。

将色彩与设计相连接，不能算是一个简单或任意的形式组合，而应看作一种切合时代审美需求的艺术创造，虽然色彩不是一种孤立的要素向我们呈现其美感，但离开精心的色彩设计就谈不上满意的设计作品。因此，色彩在设计观念的引导下，必然会被设计家们深深赋予创意。因为唯有用创意的灵感才能点燃色彩那诱人的火光。在人类的原始时代，色彩就被赋予了丰富的文化意蕴(如图腾色彩、巫术色彩等宗教文化意蕴)。正因为如此，色彩作为一种审美属性的具体体现不能不说早已具备了某些色彩的创意，这说明无论是原始文化意义上的色彩还是今天科学分析下的色彩均可聚合到色彩创意的范畴中加以理解。换言之，色彩丰富的审美功能就是在多种多样的创意中得到实现的。

一、色彩的感性与理性在主观设计中的升华

色彩在设计中的运用，不仅能领略到其光彩夺目的色彩韵味，而且还使我们冲破感觉的束缚，让思维沿着设计理想化的轨迹运行，从而在更深的艺术层次中触及那色彩创意的本质特征，以便鲜明地呈现出色彩的感觉世界和理念世界相互交融的能动过程，唤醒我们审美感觉的色彩力量。首先是与我们对色彩知觉本能的需求相连接的。但是这种凝固在感性的(或称自然的)知觉平面上的色彩满足感不可能把我们带入另一个崇高的色彩境界，因此，我们还需要让理性色彩一同在主观设计中得到艺术的升华，在感性色彩的基础上，才能圆满实现我们笔下的色彩创造(图 7-2-1)。只要我们将色彩与艺术、审美相互联系，就必然离不开以理想的目光对色彩的显现进行主观的描述。显然，把色彩设计寄托于我们主观理想的深处，能使作品色彩的美感脱离客观再现的束缚，进而让设计者原有的创造力在色彩中有自由自在的发挥空间(图 7-2-2)。

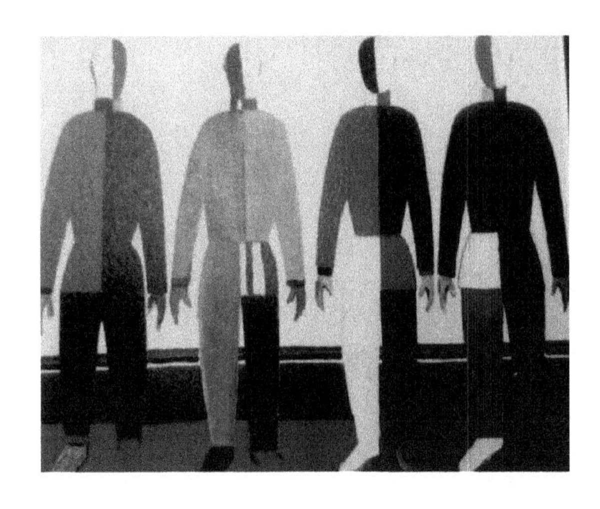
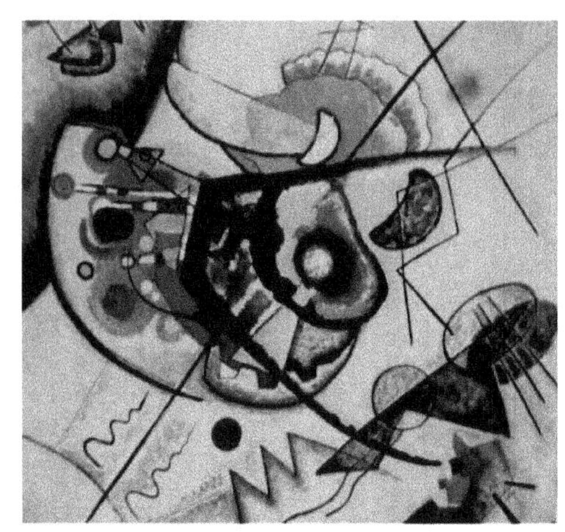

图 7-2-1　平面设计中理性色彩与感性色彩的交融

图 7-2-2　色彩创意的主观表现

在色彩创意中，主观设计的因素对色彩美的传达是有一定影响的。人的主观性存在着多面性和宽阔性，设计师设计出的作品不可能依附于某一种手法(如依附于抽象的手法)来实现其审美职能。一般来讲，按照理想思维方式主观处理色彩的艺术效果才能避开任意的迷惘，让色彩表现语言更加深刻而准确地表达出作品内在文化价值及其艺术的美感。

然而，主观视觉对色彩美的追求，通常对设计而言，是一种普遍的审美追求。假如运用到具体的作品里，它既体现感性生命的色彩活力，又具有内在精神的智慧逻辑，为我们了解色彩创意本质有一定的作用。

二、感性色彩和理性色彩相互交织的审美表现

设计中的创意是围绕对客观现象的超越。有时精神的目标是我们努力达到的主要方向，但往往感觉的东西有时在某种情形下也是尤为重要的。尤其是色彩，它更属于感官的范畴。因此，设计师花费心思设计出的作品，其色彩就会受到创意思维的浸润。作为设计作品，其色彩给人视觉上的体验是在创作者同一个创意的目标下进行的。在设计中，如果色彩被设计

师赋予某种设计意义，它就会和周围环境发生变化，不可能孤立地存在。因此，对色彩设计用艺术的眼光进行批判，往往被属于第一个印象的色彩要素所打动。往往这些感性的色彩不能被理性引向更深的理论层次，但它的美感也是存在的。这种色彩感觉的魅力不必使用历史的例证，只要目睹我们身边的设计便可一目了然。然而，凡是让我们怦然心动的色彩作品，必定在其感性色彩的层面上还蕴藏着另一个更有价值的理性色彩世界。这个世界更多地反映出设计家的创造意图，属于非视觉的一面，但它却能决定在色彩的感性选择上究竟怎样行动，因此，它也是最重要的具有决定性的一个方面。

无论以色彩训练为目的还是以作品设计为目的的色彩表现，对于那些最有能力打动我们视知觉的色彩效果都不能混淆上述两个层次，因为作品意境的呈现都需要这两个层次紧密地交融于一体。过分注重色彩的感性，就有可能使带有色感的作品丢弃较高品位；反之，一味追求费解的创意，也不是当今色彩设计作品所崇尚的正确方向。为此，提倡色彩的感性之美，就是为了将之与作品设计的理念世界一道共同开掘出一条带有审美深度的色彩道路；反过来说，一件优秀的设计之作，除了在形式上、意境上，乃至创意的独特性上下功夫以外，我们还必须有意地把色彩的构合一同置于创意的思路之中，有目的地将感性色彩与理性色彩进行交融，其本身就是一种创意之举(图 7-2-3)。

图 7-2-3　感性与理性的色彩创意

三、色彩的对比与情感表现的连接

人类情感的丰富性往往以自身特有的艺术形式加以表现。从艺术的发展来看，特别是属于设计的艺术形式，随着人们情感变化和科技手段的辅助，设计的形式日趋多样，这些往往都是以人为宗旨而进行的设计。然而，在现代设计中，很多设计作品为了达到上述要求，都在色彩上面下工夫，它已经是作品设计语言的重要组成部分之一。因此，设计师在设计时总将色彩的丰富对比与人的情感表现连接起来，形成一个完美而富于表现内涵的设计作品。就作品内部色相的关系来说，它能反映出一般的对比关系，但从色调的角度来看，设计师往往把色彩的重心放在色彩的调性上，来强化色彩设计的整体性，从而使作品能充分表现自己的色彩个性。这种对比性的色彩效果往往是在设计思维在更高层面上结合作品的创意需求而充分显示的。严格地说，色彩调性等对比方式的采用，其丰富性的含义是从色彩艺术设计的整体功能上考虑的，这种考虑对于表现人们所需要的情感无疑增加了力度。从色相对比产生的丰富性与作品情感表现的个性的相互对应上看，色彩的美感多半是在细腻和节奏中显示其优势的，无论什么样的色相，在明度和纯度的控制下，其无穷的对比效应都可能产生，因此，把色彩创意的重点放到作品对色相选择的有效范围内，无疑是我们能够准确表现某种情感的最好方法(图 7-2-4）。

图 7-2-4　色彩对比

当然，由于色彩对比的无限丰富性，我们有了更多表现作品情感的机会，因此，熟悉色彩在感觉上和心理上对我们产生的情感效应也同样显得十分重要。例如，红色和蓝色这两种对比很强的色相就可以给我们创造两种完全相反的情调。由此看来，把由于色相差别形成的作品色调置于我们的眼前，即使不去分析作品的内容，而仅仅依靠色彩的形式结构也能唤起我们强烈的情感意识，因此，从色彩表现的意义上说，让色彩的对比与情感的表现连接在一起，色彩创意才会有真正成为现实的可能。

四、色彩创意下的统一观

色彩的创意最终为了表现色彩的丰富性和完美性。然而，色彩创意的概念所包含的内容却甚为宽泛。例如，既包括色彩本身要素间的构合关系，又包括色彩表现的多种技法处理；既包括对色彩表现性能的种种理解，又包括如何运用色彩表现情感和营造意境的种种方法；既包括色彩在平面设计中艺术效果的形成，又包括色彩在立体、空间中的设计参与。一句话，在创意中设计的一切带有色彩美感的作品都有着自己的生命特色，都能让欣赏者在观看作品的过程中领会到色彩的丰富意味。

色彩创意的丰富性使我们对色彩审美的敏感程度不断加强。一种技法的色彩表现或一种模式的色彩已经不能满足绝大部分人群，相反，只有作品在色彩中不断创新使作品形成特色，那么其作品的色彩就会被更多人青睐。为此，用色彩设计的作品(无论习作性作品还是创作性作品)都不是在同一模式中得到统一的，而是根据作品的特定设计对特定色彩的需要做出对色彩最终效果的选择而形成统一的。

从根本上说，色彩的创意还离不开色彩配置中的对比效果，而色彩的对比无疑是获取丰富视觉的最好方法，但基于创意中的统一观念的指导作用往往使设计领域内的无数作品更能找到各自的个性式的变化与形成。因此，色彩创意以及寻找作品，从而从另一个丰富的色彩层次中反过来促使色彩的对比方深刻地认识色彩创意下的统一观念，对于我们大胆运用色彩与色彩效果的新统一十分有利。

**二、用创意的思维捕捉色彩的美感**

自然界以其特殊的神奇性组构着属于自然美的色彩序列，而被人们誉为“第二自然”的艺术设计领域，设计家用他们聪明的头脑、敏锐的感觉将色彩人为地组织起来形成美艺术的殿堂。由于这个区别于第一自然的色彩世界与我们人类的心智更为贴近，因此，在设计中反映出来的色彩秩序感也就更加合乎我们的审美意志，更加充满了我们创意的设计思维。用创意的思维捕捉色彩，比之任意地、毫无匠心地运用色彩有着显著的差别。一件没有创意的设计作品犹如失去了“灵魂”的艺术品，不可能从本质上把握到色彩设计的审美价值，而要从根本上触及色彩的审美本质，我们必须时时领会到色彩的创意。

一、色彩与视觉审美意象的表现

如前所述，色彩的创意必须通过色彩的感性和理性相互交融之后的升华才能实现。当我们为一件作品设计某种色彩并获得成功时，创意从中起着决定的作用。

色彩的意象不是它本身某种色相或文化含义的角度实现其全部价值，而是根据作品整体内容的创意需要使得色彩意象的定位落实在色彩创意之中，这样色彩的美就会在表现的层次上得到更高的超越。显然，与创意相连接之后的色彩如果不能超越与客观的限制，或者说不能在一定的客观色彩基础上注入某种富于意味的创造性，那么，色彩设计的创意特征就无法显示，设计家的创意精神也无法建立。

除了从整体上看待色彩与视觉审美意象的表现特征以外，我们还不能忽视色彩视觉审美意象表现的许多方法。这些方法概括起来主要有下列三种：首先是色彩的抽象表现。色彩的抽象表现方法是创意色彩常用的表现方法之一。其特点主要在于色彩是围绕作品表现的意图而被设计家主观地选择运用的。其次是色彩的具象表现。色彩的具象表现是指设计家借助真实的色彩物象(图 7-2-5)，然后渗入强烈的创作情感和清晰的设计意图，使整个设计作品所呈现的色彩效果服从于艺术审美的指向。当然，设计意图本身也应属于色彩创意表现的一部分。再次就是利用丰富的技法表现使色彩外观在设计作品中呈现出设计家所特需要的色彩肌理效果。这种用技法手段使色彩在设计中达到极强感染力的作品同样属于色彩意象表现的重要方面。

图 7-2-5　色彩视觉审美

图 7-2-6　色彩意象

二、作为色彩意象精神力量的贯穿

色彩意向的表现，归根结底不能以客观真实的色彩现象作为衡量其美的可比依据，虽然在各种设计要求下的色彩感性魅力仍然是由感性本身来确定，但色彩在作品中存在的必然性却是由设计家作为色彩设计主体的精神力量所决定的。据了解，从客观上说作品往往蕴含着无形的色彩的精神力量，不同色彩加上不同创意中对我们精神情绪的影响是巨大的(图 7-2-6)。例如，色彩与精神力量的连接在以创意为中介的转换中，给我们在视觉审美中带来的色彩调性变化就能使我们进一步认识到色彩表现的丰富魅力。

色彩作为美的欣赏对象结合其精神的力量贯穿在一起，使色彩在装饰方面赋予了某些特殊的意义。例如红色，几乎在所有的民族和所有的场合都被用于装饰。尤其是在男性装饰中，重视程度更加突出，因为红色代表荣耀，能使人兴奋。在远古时代，红色是狩猎和战争中常见的色彩，它标志着胜利和勇敢。据说在欧洲，凯旋的将军喜用红色作为装饰，这一习惯一直延续到古罗马帝国。在今天的设计领域，色彩在意象表现中所形成的精神力量既体现出作品与色彩相关的整体性与内在性，又体现出色彩与精神呈现于视觉上的形式美。这种视觉与精神同构的一致性几乎成为我们色彩创意思维中所力求把握的内动力。

三、色彩创意下的象征魅力

象征的手法是一种超越一般现实和一般感觉的更加情感化和艺术化的表现方式之一。象征可以将艺术家的创造精神在一切的艺术活动中释放出来，这一点对于色彩的创意来说也是如此。当人们想借助色彩表达名誉和忠贞时，就选择金色以象征手法进行创意的表现；当人们想要表达悲哀和忏悔时，就会选择蓝色作为象征的色彩对象；当人们想要表达年轻和希望时，就会采用绿色来作为象征性的色彩表达。总之一句话，色彩可以对人的心理感受和文化影响产生一定的象征意义，正因为如此，色彩的象征性在人类历史上普遍受到重视，例如，西方在中世纪时代公开喜爱黑色，认为黑色与传达人们的情感相适应，是一种美学意义上的色彩。

色彩的象征意义在人类早期更多的是与人类的文化相关的。它赐予人类以美的享受，色彩从更深的意义上代表了人的精神需求。由于地域环境的差异、宗教信仰的不同乃至生活习惯的各自追求，色彩的象征性也随之有着不同的反映。例如，黄色在欧洲被看作不吉利的色彩，但在东方却与之相反。黄色印度教、道教、佛教以及儒家思想中地位最高的色彩是黄色。中国有“玄黄，天地之因”之说，将黄色定为天地的根源色，是高贵和权势的象征。

色彩作为文化的表述，象征是一种最好的手段。由于人类文化的创造与人类的追求一致，导致色彩的一切象征意义都没有脱离美学的性质。因此，今天从设计文化角度来看，色彩的象征力量还是会受到设计家们的重视，他们往往把象征的意义和色彩的魅力结合在一起考虑，尝试给作品以新的生命。

在当今，色彩的创意力求从各个文化的支点上寻求突破口，目的是为了使被设计的作品具有更新颖的色彩语言。因此，象征手法使色彩被设计家赋予了新的活力，为色彩的外在形式找到更加完美的内在品格。

如果说把色彩的创意与色彩的象征魅力作为因果的互为链接，将其看成是精神(心理)、文化的表达形式，那么，把色彩创意的焦点、重点移到色彩构合的抽象性表现上来，则可直接由内而外在地把握色彩表现的双重美学属性。而这里所指的双重美学属性首先强调的是以抽象的手法来表现色彩的外观形式，此外，透过这种形式能够让我们体会到由于抽象的力量为我们所唤醒的更为深层的色彩意蕴。

色彩构和的抽象性表现不可能有一种固有的模式，但凡是以抽象的手法使色彩的设计形式最终成为全新的面貌而振奋我们的精神时，作品就会显示出它独特的创意来。在许多的设计中，色彩的构合几乎不可能找到两个彼此相同的视觉形式，但只要我们冷静地对每幅作品色彩设计的本质和规律进行一番理性的审视，便会发现其抽象的美感给作品带来了多么深刻的意味。

## 第三节 服饰色彩与款式设计的案例分析

### 一、实例分析——以几何体分析为例

在实验中，采用了圆形作为研究的对象，在相同大小的圆形上，对圆进行了曲线分割，由于色彩的差异给人的视觉心理感受也是不一样的。如图 7-3-1(1)、7-3-1 (2)色彩的分布都选用了渐变色，图 7-3-1 (1)明度较高，给人的一种平静的感觉，而图 7-3-1 (2)色彩的明度较低，色彩相对比较活跃，给人柔和的感觉。另外，图 7-3-1 (3)色彩采用了对比色渐变，给人的感觉相对来说比较活跃，球体有向四周膨胀的错觉。由此得出，体积、面积相等的球体，由于色彩的选用不同，给人的情感也是不同的。

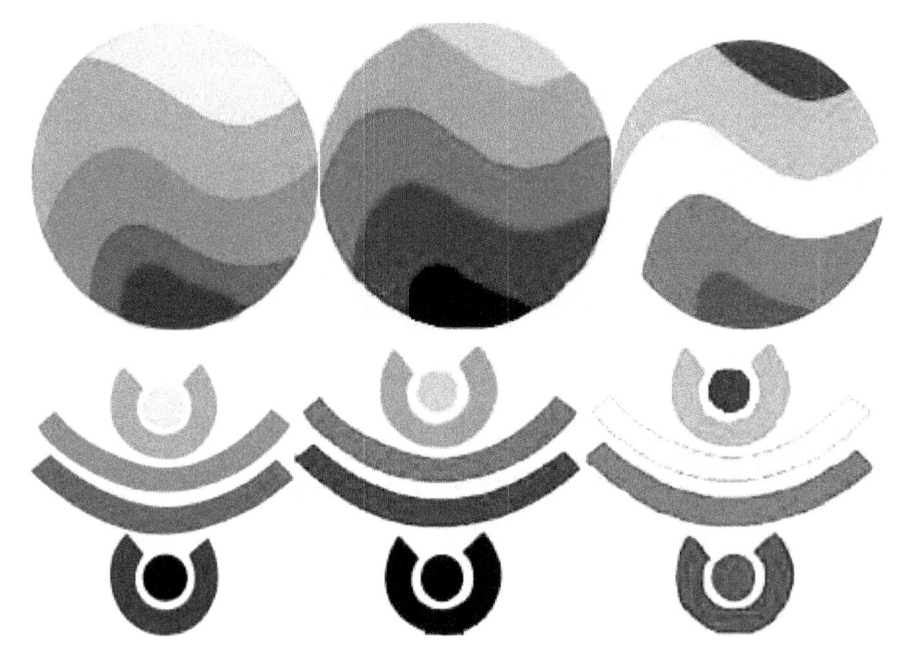

7-3-1 (1) 冷漠的圆　7-3-1 (2)热情的圆　7-3-1 (3)活跃的圆

### 二、实例分析二——服装色彩视错在款式设计中的实验

视错带给了我们无限的空间和创意思路并给艺术设计师提供了广阔的创作舞台。视错的发展也离不开人类的进步，对视错现象的研究正说明了随着现代社会的发展人们的审美有了一定的提升，开始注重追求艺术与科学的结合，也说明了学科之间是相互渗透、相互影响的。视错觉丰富了我们的视觉世界，使我们的日常生活多样化；相反，人们通过审美，追求高质量，再创造着视错觉从而影响着我们。

视错涉及很多领域，在服装设计中也运用很广泛，在服装款式设计中，利用线型视错和对图案的视错进行设计，虽然款式简单但加上复杂的不规则线条形成视错，使服装更有时尚的韵味。图中服装款式在以服装上半身以线形的变化进行设计，这种曲线的排列有粗有细，增加了服装的立体感和空间感，另外，形成了不同感觉的视错，胸部随着这种曲线的变化胸

部有缩小往里扣的感觉,腰部的采用黑白色块的渐变使人体原本细小的腰部看上去有粗的感觉，形成一种视错感。

### 三、服装平面向立体化转化在款式设计中的实验

在服装的设计中将平面化转为立体化是本文的创新点之一，并在实践中加以验证，利用立体化结合服装色彩和服装款式很好地诠释了这一创新点。

# 第八章 绘画色彩与现代服饰设计

## 第一节 中国传统绘画色彩与服饰设计

### 一、中国画色彩与服饰设计

（一）中国画表现形式与色彩特征

中国画从表现形式上可分为：以精细的层次和色彩渲染为主的工笔画，和以概括、夸张为主要手法的写意画；从表现内容上可分为：山水画、花鸟画和人物画；其中水墨国画在中国传统绘画中最具代表性，其色彩主要为墨色，多数为黑、白，也有少部分使用彩墨。中国画的色彩表现形式总体来说较为统一，没有种类繁多的色彩，但表达出的层次十分丰富，构图中着重考虑主宾关系来突出画面的主体。由于中国不同历史时期的中国画使用材质的不同，画中黑、白、灰较单纯意义中的存在也有差异，水墨国画中的白是使用纸张的白，黑主要是使用墨水的黑，灰则是墨水使用中调配出的渐变层次，独特的技法使水墨画的色彩层次丰富而精妙。彩墨色彩形式中的彩色均需要和墨结合使用，尽管生动、华贵的花朵和动物也带着一丝素雅的气息，展示出朴素的华丽。

（二）中国画色彩对当代服装设计用色的启迪

中国画所追求的缥缈、空灵符合当代服装设计中的审美观念，可增加服装中的层次感。中国画中讲究的墨分五色是图与底的协调，色彩不仅具有艺术的审美意义，也具有生命力。历史中的多个朝代均有采用中国画的色彩和造型。现代人们在着装的选择上偏重于色彩的个性搭配，色彩丰富的变化个分众化地展现出自己的个性。服装设计师也在创作过程中增加了很多中国画的色彩形式，做到了“虚中有实，实中带虚”，使现代服装具有了较多的传统国画色彩风格，丰富了色彩表现形式。国内知名服装设计师吴海燕的服装设计作品，整套服装色彩形式创意方面极具水墨国画色彩特色，主要色彩选用了与墨色类似的黑和不同深浅程度的灰，结合轻薄透明的纱布，创造出了水墨中国画独特的色彩韵味；在裙摆的设计中直接印制上了一幅山水画作品，更加突出了整套服装的水墨画色彩，给人以气质古典、大方、内涵深远的感觉。流行度很高的T恤衫设计创意中大量采用了彩墨中国画的色彩形式，以墨黑、灰为底色的淡雅、写意彩墨花朵，以及色彩明度较高工笔重彩花朵，在T恤衫底色中绘制完成，将西方发源地的现代T恤衫加入了明显的中国传统文化元素，反映出了较强的创意和文化气息。

中国画意境深远，提取其中具有服装艺术设计价值的色彩元素，使画与服装相互融合，创作出的服装作品兼具人文气息和时尚，是当代服装设计理念的一种创新。服装虽然未明确表现出属于中国画作品，无明确的造型风格特点，只是在现代服装设计常用造型上增加了中国画色彩中的空间层次感，但仍就将整套服装表达出独特的中国画气息，给人以水墨淡彩的色彩内涵。

**二、壁画色彩与服饰设计**

在色彩形式上，中国传统壁画用色对比强烈、鲜艳浓郁，色彩丰富、装饰性极强，和其他画种具有截然不同的视觉特征。中国早期的壁画色彩由于材质的限制，色彩单一，除了黑白之外，彩色只有和岩土类似的赭石色系，随着历史的发展，中国壁画出现了代表性的汉墓室壁画、敦煌壁画、永乐宫壁画等传统壁画，这些不同年代的壁画形式作品集中代表了中国传统壁画的色彩风格。

中国传统壁画的色彩表现较传统国画要显得更丰富，和传统国画色相上类似，但也有明显的不同，用色大多以红、黄、绿、蓝、白、黑、褐为主，红色系有朱砂、土红、粉灰红、赭石、褐色等，绿色系有石绿、石青、孔雀绿(鬼绿色)等，蓝色系有花青、钦青蓝、宝蓝、孔雀蓝(鬼蓝色)等，其他多为灰色，黑色，一般为浊色。多善用少量中明度、高纯度的颜色搭配明度或纯度较低的色彩，色相对比上喜欢用对比色和互补色搭配，各种层次的大红、储红等色系配石青、石绿等绿色系，赭黄、土黄等黄色系配孔雀蓝、宝石蓝、青莲等蓝紫色系。强烈的色相对比下，色彩的纯度变化调节尤为关键，黑、白、灰、金、银等无彩色的穿插使用和各种有彩色明度、纯度层次的变化使那些强烈的对比色变得和谐统一，形成了传统壁画色彩对比鲜艳、浓烈奔放、底蕴深厚、包容含蓄的独特色彩风格，古老的壁画艺术在驾驭色彩的各个方面都显示出高超的技巧。

当服装设计史进入现代以来，一直有众多的中外设计师喜欢以中国传统壁画的色彩作为自己设计的灵感来源，以著名的敦煌壁画为例，出现了很多以敦煌印象、飞天、丝路等内容为主题的专题发布会，在这些发布会中，传统壁画的色彩语言作为主题元素用在了服装的创意设计上，显示出了鲜明的中国传统文化特征，丰富了设计的创意语言，为服装设计在色彩形式上提供了很多新的创意亮点。台湾女装品牌“夏姿·陈”2009年亮相法国巴黎的专场发布会，在这场发布会中品牌设计总监王陈彩霞女士的主要灵感元素来自于唐朝丝绸之路，敦煌是古代丝绸之路的必经之地，可以说敦煌壁画集中反映了古代丝绸之路的悠久历史与文化精髓，敦煌壁画的色彩语言就成为她本场发布会作品的色彩创意参考元素之一，在色彩选择上她采用了很多具有典型唐代传统壁画特征的色系，如饱满的大红、朱红色调，鲜艳浓郁的蓝色、绿色调，浑厚深沉的褚色调，通过传统的色彩造型语言，成功的表现在当代服装设计中，虽然服装的造型特点与壁画中人物的服装造型并不相同，但是壁画独有的色彩视觉对比关系以及服装各个造型部位的色彩比例设计都蕴含着丰富的敦煌壁画色彩气息，使整场发布会的设计理念与视觉效果紧扣主题，真实地表达出设计师的创意构思与设计目的。

传统壁画色彩形式对当代服装设计色彩创意表现影响最大、最核心的部分是传统壁画色彩形式的组织关系以及形式规律的独到运用，大量对比色、互补色必须要调配好各个色彩的面积比例与明度、纯度关系，这样才能使服装整体色彩摆脱对比色、互补色的最大缺憾——俗气与刺眼，保留强视觉冲击力的优点，扬长避短，耐人寻味。自国内著名设计师邓皓 2009 年春夏季主题为“飞天马蒂斯”的时装发布会，在本场发布会上有几款设计在服装色彩的设计创意上设计师大胆地采用了神似于敦煌壁画的红绿互补色对比，以鲜艳饱满的大红色为主体色彩，石绿、翠绿等绿色为装饰图案的色彩，两块色彩在使用时，绿色被调整了明度和纯度，与红色形成高明度和低纯度的灰色相对比，同时在服装的色彩造型中加入少量黑、灰色块及线条作为缓和互补色，起到视觉冲突的调整色作用，使服装整体的色彩印象浓郁艳丽又不失优雅大方，结合丝质的面料和经典的造型，看上去犹如现代飞天飘然飞舞在 T 台上。

除此之外，为数不少的知名古装影视剧中也有很多服装的设计是以传统壁画为主体创作元素，张艺谋导演的知名影片《十面埋伏》中女角色章子怡的服装就是以敦煌飞天为原型而设计的，剧中章子怡饰演的小妹在牡丹坊中翩然起舞的片段堪称整个剧中唯美视觉的经典之一，日本籍的优秀舞美服装设计师和田惠美为这段剧情设计的几套舞蹈服装使章子怡看上去如华丽的飞天仙女，曳地的孔雀蓝、胭脂红长裙，飘飞的石青、粉红水袖，耀眼的金色头饰和精细的金色刺绣图案，设计师用娴熟的设计技巧将传统壁画绚丽的色彩精髓提炼并融入角色的服装色彩创意中，虽然是仿古的造型，但是服装整体的视觉效果却非常符合现代审美要求，使传统壁画文化在现代视觉艺术中得到升华。

**三、陶瓷色彩与服饰设计**

在中国陶瓷历史早期陶器和瓷器是分开的，汉代以前主要都是陶器，色彩以单色为主，装饰黑色釉彩的简单抽象纹样。直到汉代才出现瓷器并有了“瓷器——CHINA”这个称呼，并且开始经由丝绸之路出口国外，至今一提到中国瓷器，对于西方来说基本上还是中国文化的象征。如今色彩各异的陶瓷器上各种装饰性的绘画色彩语言为当代服装设计色彩创意提供了广阔的空间，使服装的风格形式更多样化，具有深厚的中国文化艺术特色。陶瓷绘画与其他绘画形式有所不同，由于瓷器本身是立体的容器，具有三维立体的属性，不同于二维的平面绘画形式，所以各种绘画的效果通过立体的形式展现出来，和平面作品效果还是不一样的，此外服装穿着在人的身上体现的也是立体效果，从这点看陶瓷绘画与服装设计的渊源又与其他画种有所区别；再者，由于绘画材料以及烧制方式的不同，最终所出现的陶瓷绘画颜色也不尽相同，色彩上有很强的偶然性，因此陶瓷绘画才有其独到的特点。

宋代瓷器制作开始进入鼎盛阶段，几大官、民名窑能分别产出色彩风格各异的瓷器，总体上以似玉色的青绿色、天青蓝色和月白色为主体，釉质莹润细腻，光泽如玉，纹理色彩若隐若现，细腻精致。宋代汝窑瓷器主体色彩以天青色为主，瓷身绘制的那抹装饰性的群青色没有固定的图案形式，只是采用釉彩流溜的工艺让颜料自然流动产生极具偶然性的艺术效果，以它为创意元素所设计的这款服装，在色彩造型、比例以及整体风格上内在地汲取了瓷器色彩的精髓，设计师成功地将瓷器绘画色彩语言运用到服装设计中，色彩整体效果简洁、质朴却又不失高雅、大方。

元代景德镇烧制出了极负盛名的青花瓷，青花瓷的色彩是由白色地子和深浅不同的钴蓝花纹两种颜色构成，色彩构图形式丰满，规律有秩序，节奏紧密，张弛有度，从元代后期开始青花瓷色彩越来越成熟，直至明清时期发展到了极致，成为我国乃至世界瓷器史上的一支奇葩。青花瓷色在最近两三年里最为服装设计师所青睐，是当下正在流行的服装设计色彩创意元素之一，台湾歌手周杰伦的一首《青花瓷》也在一定程度上激发了青花瓷服装风靡全球的潮流，以青花为主题的服装色彩多为白地蓝花，色彩简单明了、素雅端庄，高贵中透着张扬的力度，内秀中蕴含着大气，彰显大家闺秀般的韵味与气质风范。

国内著名服装设计师郭培在 2009 年设计了一系列以青花瓷为创意元素的礼服，她在服装的造型、色彩以及图案等设计元素上全面延续了青花瓷的艺术风格特征，所用图案基本上直接采用传统青花瓷器的纹样，以白色为底色，钴蓝、群青色的花纹布满整个造型，构图饱满，图案形制有序，明度、纯度跨度都较大的对比关系使色彩感受强烈有力度，穿着这些服装看上去好似一个个活的青花瓷器在游走流动。郭培的这一系列作品在设计内涵上曾备受争议，有批评者认为她大范围过多地直接采用青花瓷元素，设计技巧上有照搬挪用的嫌疑，不过可以肯定的是，最终服装的整体视觉效果确实大气张扬、个性突出又极具中国特色，符合了大众的审美观，因此以设计高级礼服而闻名国内的郭培还是受到了很多影视明星、央视主持人等众多公众人物的青睐，也使她的这系列作品在国内掀起了一股青花服装的时尚高潮。

相比而言，国外设计师在采用中国元素的时候就显得较为谨慎、含蓄，内涵更明显，国际著名高级时装品牌“迪奥”2009 年春夏高级时装发布会，设计师为国际著名时装设计师 JOHN GALLIANO(约翰·加利亚诺)，他以一个西方设计师的视角来诠释中国青花瓷的风韵，作品中他没有直接采用青花瓷的素白底色，而是用珍珠白、月白、天青色等浅淡色彩做底色，花纹色彩在大面积的底色上只是小范围的装饰在重点部位上，与青花瓷的饱满构图比例有所不同，并且二者的明度和纯度对比也没有青花瓷那么强烈，整体色彩效果在保留了部分青花瓷的典型特点之外，更显得清新柔和，典雅高贵，更具国际化的审美意识。

不得不说的青花服装还有名为“青花瓷”的系列，它是 2008 年北京奥运会礼仪小姐颁奖服装系列之一，由国内众多优秀知名设计师共同设计创作完成，由于此次奥运礼仪服装的设计理念是在体现中国特色的同时还要具有国际范围的审美包容性，因此色彩设计中传统元素保留了素白和钴蓝鲜明亮丽的色彩对比形式以及中国特有的丝缎面料所表现出来的近似瓷器的那种莹润光泽，色彩构图形式和面积比例上使用的却是较为夸张、视点集中的现代设计方式，将传统与现代的色彩语言成功的结合到一起，体现了高标准的设计要求，在此，青花以它独特的色彩形式语言向全世界彰显中国传统民族文化的经典魅力。

清代出现了粉彩瓷，它色彩丰富多样，因釉料中都加了白色而显得粉润、柔和、秀丽、雅致，绘画的内容多以细腻的工笔花鸟为主题，因此显得清亮明媚、活泼生动，服装设计创意中要表现轻快亮丽的色彩创意时，粉彩的色调是最适合不过的。2008 年著名演员章子怡在雅典为北京奥运会采集圣火时所穿的礼服在色彩上就明显带有粉彩瓷器的特征，服装以粉白色为主体色彩，结构造型立体、现代，繁复的龙纹和云纹图案色彩设计多样丰富且都集中安排在前中的位置，整体色调如粉彩瓷一般淡雅细腻、清秀婉约，局部与整体的面积比和色彩对比关系处理都非常精妙。在这个庄严圣洁的仪式上，所有希腊礼仪小姐穿着的都是白色且造型典雅的礼仪服装，章子怡这身白色的粉彩礼服则非常含蓄低调地将东方女性柔美知性的特色衬托出来，既能符合这样的场合不显得特立独行，又能让人过目不忘，耐人寻味。

## 第二节 服饰设计与绘画色彩形式

绘画艺术中，色彩和色彩之间的组织关系构建起了画面的基本色彩框架，色彩的形式美则是在绘画中调配色彩组织关系的一个规律和法则，形式美法则应用的得当与否直接影响绘画作品的艺术美感，尤其在传统绘画中，形式美就是绘画作品的灵魂。在服装设计中，形式美法则与规律同样是色彩创意的根本原则，也是服装具备视觉美感和艺术性的前提，将绘画色彩的形式语言融入服装设计的色彩创意中，可以更好地提升服装设计的艺术内涵，增强服装在视觉上的美感和艺术性。

### 一、比例

比例是指对象的各个部分彼此之间的对比性、匀称性，也是和谐的一种表现，它有“比率”、“比较”这些含义，是有秩序地安排部分与整体、部分与部分之间的关系，推敲形式结构之间的度，寻求美的最佳比例，使形式元素之间的秩序协调共处。保持和谐、良好的美学比例关系是包括绘画和服装设计在内的视觉艺术美的基本法则，常用的比例形式有等差数列、等比数列、平方根矩形数列、柏拉图矩形比和黄金分割比等，其中黄金分割比和近似黄金分割比是艺术造型中惯用的美的比例，在服装设计色彩创意中，色彩面积的黄金分割比和近似黄金分割比通常用 2∶3,3∶5, 5∶8, 8∶13 等数字序列关系来表现。

在绘画艺术中，不同的色彩造型形式所产生的面积、数列等比例关系，可以给人明显不同的艺术心理感受，一副水墨的牡丹画中，假如叶子的面积较大而只有小部分的彩色花苞，形成万绿丛中一点红的艺术效果时，画面的色彩是素净幽雅的，而如果大面积都是鲜艳的花朵而叶子只是陪衬的几片时，画面的色彩效果则是完全相反的艳丽与娇媚。同样在服装的创意设计中，不同的色彩配置比例，也会直接影响到服装色彩设计的理念和意图，同样的配色元素，经过不同比例来表现，给人的感觉截然不同，由此产生的各种不同比例的色彩搭配会给人带来不同的联想感受。桃红色与白色的搭配，当桃红的面积小，白色面积大时，给人一种素雅、端庄、醒目的感觉。反之，给人妩媚、妖娆、浪漫的感觉。

**二、均衡**

均衡，也可以称为平衡，原本是力学上的名词，主要指色彩匹配后在整体布局上体现出的平衡状态，给人平稳安定的感觉，在色彩分割布局上要保持合理性和匀称性，使各部分色彩的量感均等。在绘画作品中色彩均衡是指一幅画中上下、左右在色彩配置上的一种力度均衡，使画面上色彩搭配达到一种稳定的效果。不管在传统绘画还是现代绘画中，对于均衡的形式美要求都是很高的，艺术家们根据不同的均衡效果进行创作，可以表达出不同的艺术理念与视觉情感。

在服装艺术的设计创意中，色彩对比的强弱、明暗、轻重、面积大小、冷暖、形状、位置等，都会影响服装色彩的均衡感，在服装配色中由上述原因所产生一系列设计关系变化，必定会表现出色彩的均衡和不均衡感。通常均衡有以下几种状态。

（一）对称均衡

对称均衡包括左右、上下、前后的均衡，用左右对称色彩关系取得均衡称之为左右对称均衡，用上下对称色彩关系去取得的均衡为上下对称均衡，从侧面观察人体前后取得的色彩关系的均衡称之为前后对称均衡。由于人体从正面看的视觉效果是左右对称的，因此左右对称均衡在视觉上能取得绝对均衡感，在对称均衡当中是最常见的一种。如图 8-2-2 图片当中的色彩不论在造型、面积、大小、位置等方面都是左右对称的均衡形式，这种形式明显让人感觉平衡、稳定、中规中矩，属于比较大众化的形式类型。

（二）非对称均衡

服装创意在配色设计时，如果造型结构和色彩的形状是不对称状态的，但是由于色彩的强弱、冷暖、轻重、位置等因素的介入所表现出的相对均衡稳定的视觉感受，其状态称之为非对称均衡。色彩元素在各个方面来说都不是对称的，但是服装比较对称的款式造型和色彩整体视觉效果让人感觉到了相对的平衡，非对称均衡在视觉基本均衡的前提下改善了对称均衡过于规矩、稍显简单呆板的弱点，使色彩效果变化更丰富，形式应用灵活性更强。

（三）不均衡

服装的色彩关系没有取得视觉上的均衡的情况称为不均衡，通常情况下，不均衡的状态是很难达到和谐美感要求的，但是由于时代的变化，前卫时尚风格的流行，在特定的条件下，不均衡作为一种新的视觉均衡形式被人们所承认，称之为不均衡的美。服装在款式造型方面也是不对称设计，色彩在形状、面积、位置等方面都没有达到均衡的视觉要求，整体视觉效果上体现出一种非均衡的状态，这种不均衡形式在设计应用上有一定难度，应用范围较小，有强调某个部分的作用，凸显着鲜明的设计特点和个性理念。

**三、节奏**

节奏一词来源于音乐、诗歌、舞蹈等艺术领域，具有时间动感连续的特性，主要通过听觉和视觉表现出来，它是有一定规律和秩序的反复和变化，属于秩序性美感表现形式的范畴。在色彩中节奏感主要体现在色彩的色相、纯度、明度、形状、位置等方面的反复变化，表现出一定的秩序性、规律性和方向性的运动感。在绘画中，节奏是色彩的反复、断续、连续的色彩运动感和色彩的用笔、色块的重复排列，不同色块通过上下、左右的并置，构成错落有致的色彩感受。

通过不同方式所组合产生的节奏拥有不同的色彩性格和个性，这如同音乐变化一样，几个简单的音符会变化组合出成千上万首歌曲，并且这些歌曲会有各种不同的风格和内涵。服装的色彩也是如此，简单的色彩通过不同的节奏形式会体现出不同的色彩氛围，不同的运动速度感，有的静，有的动，有的强烈，有的柔和，有的直观，有的内在，这些主要都是由色彩的形状、性质和色彩间对比的强弱程度等因素所决定的。因此，节奏是体现服装色彩整体美的重要形式之一。

服装色彩设计中的节奏形式主要有以下三种。

（一）反复性节奏

把一组色彩结合造型形状组合到一起形成一个单位形态，然后使这个单位形态做有规律有秩序的反复表现，这样出现的节奏称为反复性节奏。如图 8-2-5 图片中面料纹样中多色相间的条纹、并排的纽扣、多层并排的花边装饰都可以体现出反复性的节奏。

（二）渐变性节奏

服装色彩的形状由小至大或由大至小，由一个色相过渡到另一个色相，色彩明度由深至浅或由浅至深，色彩纯度由高至低或由低至高等，这些元素产生的逐渐扩增或逐渐减少的色彩运动形式称之为渐变性节奏。如果把一组渐变性节奏作为一个单元形态的话，再做有规律的反复表现，则成为反复性节奏。

（三）多元性节奏

服装中色彩形状的单位被不规则的反复和组合排列，由此出现的复杂化的节奏变化称为多元性节奏。这组图片的色彩节奏形式都是无规则的排列和组合，形成活跃、新颖的节奏快感，这种节奏形式变化运动感强，富于层次，但是如果运用不当会出现杂乱无章的负面效果。

## 四、对比调和

对比调和是色彩形式法则的重要基本规律之一，包含了色彩的色相、明度、纯度、冷暖、面积、位置等诸多方面的对比和调和关系。色彩语言的对比和调和是相辅相成的，各种色彩之间必须有一定的对比，没有了对比就没有了色彩关系，而对比的色彩关系必须要符合一定的调和原则，没有了调和的平衡，对比就会杂乱无章，无法把握。对比与调和构成了和谐、秩序的视觉美感。

在绘画中，通过色彩之间不同的对比关系可以表现出各种艺术情感，画面色彩关系的强对比会让人感觉鲜艳、矛盾、刺激、醒目、夸张；弱对比会让人感觉模糊、统一、柔和、没活力、平淡乏味；而对比适中则给人感觉和谐、舒适、精彩、亮丽、美感自然。艺术家会根据所要表现的艺术风格和内在情感选择匹配的色彩对比关系，同时必须运用适当的调和手法才能让作品具有充分的艺术效果。不管多么另类、疯狂的绘画色彩，如果没有色彩的调和过程都将是粗俗的，无任何艺术性可言，虽然这个过程的存在对某些艺术家来说不是刻意的。服装设计色彩创意中对比调和的关系原则与绘画艺术基本相同，但设计艺术的实用性决定了服装色彩的对比关系绝大多数情况下要符合对比适中、和谐统一的形式美感，强烈、另类的风格也存在，但毕竟不是主流，因此在对比中如何合理地运用调和手段是服装色彩设计的主体内容。

色相互补色、对比色比较难以达到和谐状态，所以一般我们会通过适当的方法来调和互补色、对比色的矛盾，其一，改变参加配色的各个色彩的面积比，如图 8-2-8 所示，红色和绿色互补色搭配时，如果面积相同或接近，色彩效果会势均力敌，互不相让，给视觉造成冲击和不协调，如果改变面积的比例，让其中一个色彩在面积上占优势，而另一个处于从属地位，那么二者就会分出主次，有了层次，缓和了矛盾，表现出和谐的整体效果，万绿丛中一点红的艺术效果就是这种和谐美感形式的最佳诠释。其二，在参加配色的所有色彩中添加同一色彩元素，使矛盾的配色同时包含一个共同的色彩元素，其中包含的共同元素比例越大，最终的配色效果越统一、越和谐。红绿互补色中同时添加了比例均等的黄色和黑色，形成橘黄色、黄绿色和深红、深绿的搭配，强烈的对比被明显的减弱，色彩效果变得较为统一和谐。

明度过于接近的同类色和纯度、明度都过于接近的配色，因为配色过于统一会出现含糊、不清晰、乏味的视觉效果，也需要经过适当的调和才能使配色显得有生机和活力。最简单的方法就是拉大过于接近的色彩在色相、明度、纯度方面的对比。，如果参加配色的色彩属性是不能改变的，那么可以通过使用分离色把模糊的配色区分开，分离色一般用无彩色，有时也可以用有彩色，但是分离色彩在色相、明度、纯度以及冷暖关系上要与被调整色之间存在明显的对比效果，这样才能起到分离的作用，并且这种分离手法同样适用于调节对比过于强烈的互补色、对比色。

### 五、强调

强调也有点缀的效果，在绘画艺术中，强调一般用于突出强化主体内容，形成视觉中心点，有助于画面主次关系的形成，并且有画龙点睛的作用。在服装的色彩设计中，并不是所有的场合都会用强调的形式，当整体配色过于单调统一、缺乏特色或色彩关系不甚明朗的时候以及我们要突出强调某个部分的色彩时，就可以用和大面积色调形成醒目、强烈对比关系的小面积色彩去点缀服装，这样可以使单调乏味的配色有亮点，吸引观众的注意力，增强配色的活力，同时它还可以调整色彩之间的相互关系，取得各部分色彩间的平衡。

在使用强调手法时，一定要注意所强调的色彩面积的大小和量的适中。强调色的用色面积和量不能太大，如果太大则会破坏整体，打破原有的和谐效果；如果太小则容易被周围的色彩同化而失去作用，太大或太小都会使所强调的色彩失去它的表现意义。强调色所处的位置一般就是服装作品的视点位置，因此同一套服装，使用强调色的位置不宜过多，否则会影响整体配色造成纷繁杂乱的效果，重点太多则过犹不及。

### 六、呼应、关联

色彩的关联是指色彩与色彩之间的相互联系性，而关联和呼应的作用基本相近，画面位置不相邻的色彩之间采用相同或相近的色彩元素就能使整体的色彩表现不孤立，使整幅作品既有变化又有相互之间必然的联系，增强画面的整体效果，同时还可以使色彩表现语言具有反复的节奏感和层次感。

呼应是使服装色彩获得和谐统一美感最常用的方法，表现于不同位置上的相同色彩或相近色彩之间灵活的相互关照和对应。包括服装上装与下装的色彩呼应，内衣和外衣的色彩呼应以及服装与服饰配件的色彩呼应等等。例如，在搭配背包或者鞋的颜色时，如果使背包或鞋的颜色与服装中的某一种颜色相同或相近，那么整体搭配的效果则表现出协调统一。

## 第三节　绘画色彩在现代服饰设计的应用

现代以及后现代绘画艺术的表现形式呈现出多风格、多主题、多种形式语言等创意元素有机结合的多元化艺术特点，众多的艺术家注重个性、创新性、独创性，东西方文化的不断交融使传统绘画艺术的形式界限被逐渐打破，形成全新的多维度艺术格局。在如此瞬息多变的绘画艺术氛围中，绘画色彩形式语言在当代服装设计色彩创意表现中也体现着相同的精神风貌，各种色彩语言的结合使用、多种色彩形式的混合搭配、众多色彩创意的综合亮相都使当代服装色彩创意突破传统模式下单一格调的束缚，呈现出综合艺术的丰富感染力，使服装色彩千变万化、精彩纷呈，具有明显的现代艺术设计特色。本节从服装艺术设计中和谐经典、时尚前卫两大基本艺术审美欣赏角度出发，探寻和解析绘画色彩形式语言在当代服装艺术设计创意中的表现，这种方式更符合现代艺术形式多变、多元、无典型主题和流派的特征，可以多方位、多角度、更全面地看到当代服装艺术设计创意中各种绘画色彩形式语言的丰富表现，从而开拓服装艺术设计创意的新视野。

## 一、和谐、经典装饰艺术美的呼唤

视觉感官欣赏所带来的各种奇妙的心理情感和美感享受是视觉艺术存在的基本价值，因此不管是传统绘画形式还是现代绘画艺术，抑或是有着混合基因的后现代前卫、抽象艺术中，人们始终都不会放弃对视觉装饰美感的执着追求，由广泛的形式美法则和精妙的色彩语言构成的经典装饰美感形式会一直深深地吸引着艺术家们，让他们在艺术长廊中继续对永恒的视觉美感艺术展开孜孜不倦的追求。服装设计艺术更是一种对美有着极度敏感的视觉艺术领域，它对装饰艺术美感的企及不亚于绘画艺术，甚至有过之而无不及。也由于设计艺术实用性的限制，在众多的绘画形式语言中，具有装饰艺术美感意味的绘画形式对服装艺术设计创意的影响最广泛，这种由和谐的画面形式美感带给服装的视觉冲击更能符合大多数人对服装美的理解与欣赏。随着现代艺术的不断发展，传统与现代的逐渐融合，人们追求永恒艺术美的脚步也不会停止，服装这种可以装饰人体、愉悦欣赏的设计艺术在视觉美感上的要求会更高，那些富于装饰美感特征的绘画色彩语言形式表现在服装中可以让服装的艺术美感得到有效提升，服装设计的色彩创意也会具有更广阔的构想空间。

### （一）传统与时代对话的装饰意味

传统绘画的形式语言对于画面形式美规律的运用要求是非常严格的，因而逐渐形成较为系统和完善的艺术形式规律和语言模式。随着时代的发展，一味严苛保守传统形式表现已经不能满足艺术家的创造需求，突破传统模式势在必行。但是完全放弃传统文化又往往会使艺术创作失去必要的精神依托成为无根之苗，于是我们需要传统与时代的有机结合，兼容并蓄、取长补短，让优良精华的传统形式在现代环境中获得新生。在当代服装艺术设计创意中，传统文化使人们对于着装的美感欣赏有着一定的心理底限，一般过于时尚前卫的形式难以被广泛大众所接受，尤其服装设计是一种具有很强时效性和流行性的事物，对于创新与个性的艺术要求并不亚于现当代艺术，因此我们只有立足于当代，在紧跟时代脚步的同时保留优良的传统艺术，才能使服装艺术设计在未来能够取得长久的发展与进步。

“民族的就是世界的”，这个话题是经过当今艺术世界公认的解决传统经典和时代流行矛盾的最佳理念，服装设计创意中民族文化的传统性与引领全球时尚的时代性相结合便会形成独具特色的经典碰撞，表现出底蕴深厚和符合时代发展的艺术创造力。近年来众多优秀的中外服装设计师用大量的作品去亲身实践这个设计理念，从而证明只有更好地把握住传统民族元素与所处时代的和谐关系，才能做到设计构思立意深远、新颖时尚，带领着服装设计艺术走向更长远的未来。著名设计师邓皓2010年春夏季主题为“东方金珐琅”的发布会，设计师成功地将中国传统珐琅瓷器浓郁、醇厚的亮丽色彩语言融入符合当代色彩形式美感的设计构思中，在当代服装形式中把传统绘画语言的色彩装饰意味表现得生动感人，设计形式时尚典雅同时具有鲜明的中国传统文化底蕴。Christian Dior巴黎高级时装发布会，设计师加利亚诺将日本传统绘画—浮世绘中极具装饰美感的绘画色彩运用到服装设计中，使日本的传统民族绘画元素与当代的时代背景相结合，让当代服装的装饰色彩形式美感尤为凸出。这两个设计师的优秀作品不仅让传统绘画艺术焕发新的生机，还符合了当代服装色彩设计的流行审美理念，表现出精彩鲜明的视觉装饰艺术美感，成为传统与时尚结合的优秀典范之作。

（二）现代艺术抽象表现的装饰美

现代艺术强调主观真实的创作意识带来了画面形式上不同于传统的全新视觉艺术效果，艺术家们为了表现强烈的自我内在意识，突出作品的个人原创性、独特性，创作出大量具有抽象表现特征的作品，不管是画面形式元素的抽象还是绘画创作表现手法的抽象，都是现代绘画艺术具有的鲜明特征。抽象表现的艺术形式也是遵循形式美的基本法则来主导画面的形式构成，只不过这种形式是为了表达艺术家强烈的主观情感而服务的，在那些以装饰风格为主的抽象表现绘画中，画面的视觉形式美感也必须是艺术家非常关注的问题，尤其是那些注重研究色彩形式美感的艺术家就更是如此，他们用抽象的色彩语言表达出形式独特的现代经典视觉形式美，现代抽象色彩表现的和谐统一也能让人的视觉审美获得无穷的美感想象与回味。将这些具有和谐、经典形式美感的抽象色彩表现形式运用到当代服装艺术设计创意中，可以使服装的设计富有强烈的现代感、时尚感和都市感，有着明显现代艺术形式特征的同时还能够满足当前流行的经典艺术美感要求，适应大多数人群的审美意识。色彩创意的灵感构思形式都具有明确的现代抽象表现艺术特征，在设计作品中我们都能明确感觉出现代绘画艺术抽象表现形式的存在，色彩形式和谐统一的装饰效果得到完美体现，视觉风格经典大方，现代流行感十足，艺术美感表现非常到位。

## 二、时尚、前卫怪诞艺术潮的涌动

与经典流行的视觉装饰艺术相对存在的就是时尚前卫艺术，与顺应时代而存在的流行艺术相比较前卫艺术具有时间上的超前性和创作理念上的超现实性，当部分艺术家追求个性、创新的脚步超过时代的发展速度时，前卫、超现实的艺术风格就诞生了。艺术发展道路上前卫艺术总是新生事物走在历史的最前面，它不似经典艺术那样可以被广泛的大众所接受，相对来说它可以被接受的人群层面比较窄，经过一定的时间后广泛大众都能接受这种艺术形式时，它就变成了经典的流行艺术，再经过一段漫长的时间后流行不再，那么能够保留下来的精华就会成为优良的传统艺术，这是艺术(包括设计艺术)发展的一个主要过程和脉络，虽然前卫艺术不能被当前时代的大多数人群欣赏和理解，但它所具有的价值前景往往是不可估量的，从一定程度上来说它犹如“潜力股”，有可能成为当代艺术前进和发展的风向标，引导艺术世界未来的发展趋势和形式走向。时尚前卫艺术是艺术大潮的潮头军，它奔涌不息带领视觉艺术走向希望的未来，没有了前卫艺术就没有了未来流行艺术的存在。当代服装艺术设计创意中怪诞奇特、个性突出、新颖独到的风格形式及视觉表现都具有典型现代前卫艺术的特征，创作理念和表现手法都体现着强烈冲突的矛盾对比和与众不同的混合气质，用奇装异服来形容它一点都不过分，大胆地超现实主观臆想、无厘头的主题表现，不合常理的设计构思，让人望而生叹的色彩形式创意……，从视觉到心理都让人产生不同寻常的感觉。走在人群中绝对能够有效地吸引视线，拥有超高的回头率，这就是前卫艺术风格具有的绝对魅力。

1、构成重组的时尚、前卫混搭

构成重组的艺术理念更多地体现在对绘画元素本身的再创造，它是现当代艺术一种重要的构思形式。艺术家们将搜集到的各种创意元素按照一定的主观情感重新构成组合到一起，形成具有一定形式意义和内容的全新作品，通过这样的形式，可以跨越时空和领域，实现古今中外的全方位对话，打破一切对艺术创作构思形式的束缚，真正实现天马行空的联想跨域。前卫时装艺术将各种时尚的创意元素进行构成重组产生混搭效果，形成风格杂糅的复杂设计构思，色彩造型新奇、个性，色彩关系表现形式独到，具有鲜明的创新理念和与众不同的视觉感染力，让服装艺术设计色彩创意展露出和谐经典美感之外的另一片崭新的天地。世界著名品牌 VIVIENNE WESTWOOD 2010 年秋冬巴黎时装发布会，著名英国女设计师 VIVIENNE WESTWOOD 被时尚界亲切地称为“朋克教母”，前卫个性、反传统、反经典是这个品牌的一贯风格，混杂的街头时尚，叛逆的朋克摇滚，诡异的神秘女巫，怪诞的变异教徒等灵感元素都曾被她用重构混搭的手法引入服装的创意中。这一季色彩精致细腻的中国传统工笔花鸟画、中国传统图案纹样、波洛克色彩情感丰富的抽象线条、波普艺术色彩醒目的英文字母在服装设计中的表现让人们看到了不少绘画色彩形式语言的存在，各种混搭的创意元素、矛盾的色彩构成、前卫的设计理念使服装的整体风格呈现怪诞雅痞、奇异夸张的视觉艺术效果。

2、非主流的超现实主义无尽幻想

现当代的艺术已经不再局限于对客观事物的具体表现，艺术家内心世界的复杂与多样，矛盾与情感充斥在作品中，超出现实的任意幻想和不同于常人的表现视角带来了作品中色彩不合常规的应用，艺术创想的冲突与矛盾的表现，独特肌理和创新材料等元素的渗透，使色块之间组合后产生各种令人叹为观止的神秘、奇妙的艺术境界，涌动出疯狂怪诞的超现实前卫艺术风潮，为现当代绘画艺术带来了极富想象的新视野。这样的色彩情感语言和惊人的创新理念同样能渗透到服装艺术设计的创作中，以服装为主体继续那超脱无边的奇幻想象，打造前卫、怪诞的非主流艺术风格，使服装艺术设计创意也体现出前所未有的、强烈的个性表现特征。提到非主流的前卫服装就一定不会漏掉 ALEXANDER MCQUEEN，他在时装界也同样有个亲切的称呼“时尚教父”，2010 年巴黎春夏高级女装发布会上，他又以充满丰富想象力的精彩作品艳惊四座，，这次他将时尚的触角伸向了神秘辽阔的海底世界，五彩斑斓、光怪陆离的海底生物所特有的奇异色彩成为他创作灵感的来源，借助这些色彩的丰富表情设计师发挥独特的想象将服装形象演绎得犹如科幻电影中的外太空生物“火星人”一般，极度抽象的色彩语言，新型的面料肌理表情，创新特殊质感材料的使用都为怪诞前卫的超现实主义表现提供有力的支持，设计师通过服装的设计创意引领人们穿越时空的隧道，用视线和目光去提前感知那遥远神秘的未来世界。

**三、绘画艺术与服装艺术的融合**

随着现代艺术理念的进步与发展，绘画艺术与设计领域的界限在逐渐地缩小，在很多情况下，绘画艺术与艺术设计的概念已经变得模糊不清，设计即是艺术，艺术也是设计，服装不再只是为实用穿着服务的设计作品，它也可以成为纯粹的艺术品，很多服装设计师极具创意构思的设计作品中，设计的实用性在降低，而艺术的创意表现性在不断提高，甚至服装可以全部是绘画，把绘画作为服装穿在身上，使其具有服装的作用和属性，如图 8-3-6 中展示的人体彩绘，它属于一种极其特殊的服装也是现如今的一种新型绘画艺术表现形式，它兼具绘画和服装双重属性，在某种情况下它可以被看作是一种特殊材料制作的服装，在另一种情况下它又可以作为一种纯绘画艺术来欣赏，或者将人体彩绘与真正的面料服装结合在一起进行设计表现，那么绘画与服装就真的是亦真亦假、如梦似幻了。从另外一个角度而言，绘画的主体也可以完全是服装，把服装设计当成一种纯绘画表现的主题形式，如各种书籍杂志的时装画插图、时装画形式的装饰壁挂等等，它们都是完全用于欣赏的艺术表现形式，使服装设计具有绘画艺术的价值。如此可以看出，当前时代绘画艺术与服装艺术在独特环境下的融会贯通，此时绘画色彩即是服装色彩，服装色彩也是绘画色彩，服装已经成为一种艺术创意的语言，艺术创作的载体，或许这也有可能预示着二者将来的发展走向，我们共同拭目以待。

# 参考文献


[1]黄元庆.《服装色彩学》[M].北京：中国纺织出版社，2011.

[2]黄元庆，黄蔚.《色彩构成》[M].上海：东华大学出版社，2006.

[63]徐蓉蓉，吴湘济.《服装色彩设计》[M].上海：东华大学出版社，2010.

[4]程悦杰.《服装色彩创意设计》[M].上海：东华大学出版社，2007.

[5]李春晓，蔡凌霄.《时尚设计·服装》[M].南宁：广西美术出版社，2007.

[6]谢冬梅.《服装设计基础》[M].上海：上海人民美术出版社，2007.

[7]邹游.《职业服装设计》[M].北京：中国纺织出版社，2007.

[8]黄元庆.《印染图案艺术设计》[M].上海：东华大学出版社，2007.

[9]鲁道夫·阿恩海姆(美).《艺术与视知觉》[M].上海：中国社会科学出版社，1984.

[10]约翰内斯·伊顿(瑞士).《色彩艺术》[M].上海：上海人民美术出版社，1987.

[11]杨辛，甘霖，刘荣凯.《美学原理纲要》[M].北京：北京大学出版社，1992.

[12]宋建明.《色彩设计在法国》[M].上海：上海人民美术出版社，1999.

[13]赵勤国.《色彩形式语言》[M].济南：山东美术出版社，2003.

[14]缪良云.《中国衣经》[M].上海：上海文化出版社，2000.

[15]朱达辉，杨强东.《内衣设计表现技法》[M].上海：东华大学出版社，2011.